1

El Factor Humano en los Accidentes Aéreos

El Factor Humano en los Accidentes Aéreos

Juan Urrutia de Hoyos

El Factor Humano en los Accidentes Aéreos

ISBN: 978-84-9981-981-5
ISBN ebook: 978-84-9981-242-7
DL: M-28769-2011
Impreso en España / Printed in Spain
Impreso por Bubok Publishing

Dedicatoria:

A Marta mi mujer, que no me canso nunca de mirarla.

A mis hijos Santiago, Javier y Jorge por ser para Marta y para mí la ilusión de cada día.

A mi Padre Juan, del que llevo muchos genes, uno de ellos, sin duda, es el que ha hecho posible que escribiera este libro.

A mi Madre Elisa, que desde pequeños nos ha enseñado a preocuparnos de los demás y ahora ella desde el Cielo se preocupa de nosotros.

A mis hermanos Elisa, Blanca, Cristina e Ignacio por lo bien que nos llevamos todos y lo bien que lo pasamos juntos.

El Factor Humano en los Accidentes Aéreos

Indice

1.Prólogo

Este libro es una recopilación de artículos que han sido publicados en la página Web de Extracrew y en la Revista Avion Revue.

Los artículos los fui escribiendo con el objetivo de cubrir la gran mayoría de los temas principales del temario de los Cursos de CRM (Crew Resource Management).

En cada uno de ellos, he analizado principalmente un accidente, estudiando de él lo relacionado con el CRM y los Factores Humanos. Como bien sabemos, la causa de los accidente no suele ser una, sino una combinación de muchas, por ello en cada artículo me he centrado sólo en los aspectos de CRM y de Factores Humanos.

Estos breves artículos, por su naturaleza crítica, pueden ser usados en los cursos de CRM (Crew Resource Management) como instrumentos para estimular la discusión de los temas relacionados con Factores Humanos.
Aparte de incitar al análisis crítico, los artículos y ahora este libro, pretenden avanzar el conocimiento en el tema de Factores Humanos de forma amena y fácil de leer. Los artículos son normalmente de unas cuatro páginas.
Animo al lector a profundizar más en el estudio de cada accidente mediante la consulta de los Informes Oficiales de los Accidentes. Estos Informes son públicos y están disponibles a través de Internet.

Todos los artículos están basados en los Informes Oficiales de los Accidentes y como se indica en el Anexo 13 de la OACI *"El único objetivo de la investigación de accidentes o incidentes será la prevención de futuros accidentes e incidentes. El propósito de esta actividad no es determinar la culpa o la responsabilidad."*

Espero que todos podamos aprender con estos artículos, si así lo hacemos, este libro cubrirá el objetivo para el que lo escribí.

2.Introducción

El Factor Humano

El vuelo se estaba desarrollando con toda normalidad, el CN-235-200 EC-FBC de Binter Mediterráneo se encontraba en aproximación final al aeropuerto de Málaga, con la pista 32 a la vista y en condiciones meteorológicas inmejorables. Los pilotos habían completado la lista de chequeo de antes del aterrizaje y el avión se encontraba configurado para el mismo. En ese momento, apareció el aviso de fuego en el motor izquierdo, la tripulación realizó el procedimiento de Fuego en el Motor, apagando el motor afectado (el izquierdo), y continuó la aproximación. Cuando se encontraban a pocos metros de la pista se paró el motor operativo (el derecho), el avión que volaba con ambos motores parados, realizó una toma en un terreno a tan sólo escasos metros de la cabecera de la pista, chocó contra varios postes de las luces de aproximación y finalmente se empotró contra un talud de la Carretera Nacional N-340. Tres pasajeros y el Comandante fallecieron, 16 pasajeros y 2 miembros de la tripulación resultaron gravemente heridos. El informe final del accidente estableció como probable causa del mismo, la actuación errónea de los pilotos en la aplicación del procedimiento de Fuego en el Motor, que les llevó una vez apagado el motor afectado (el izquierdo) a apagar también el motor no afectado (el derecho), esto explica que el avión se quedara sin potencia durante la aproximación final.

¿Por qué tripulaciones competentes cometen errores de este tipo?

Dar respuesta a esta pregunta e implantar los medios adecuados para evitar este tipo de accidentes es el objetivo de lo que se denomina "Factores Humanos".

La OACI ha identificado el "Error Humano" como la mayor amenaza para el mantenimiento de la seguridad en vuelo.

Se define el término de Factores Humanos como la aplicación de los conceptos científicos, principalmente de las ciencias de psicología, antropología, fisiología y medicina al diseño, fabricación, operación, gestión y mantenimiento de productos y sistemas.

La aplicación de estos conocimientos científicos tiene como objeto la reducción del número de errores humanos que se cometen en las operaciones aéreas y el de aliviar, en el caso de que se produzcan esos errores, sus consecuencias.

De la investigación de un accidente o incidente, hoy en día, es relativamente factible determinar "Qué" es lo que pasó. Conocer qué es lo que ocurrió en un accidente es fundamental para poder realizar mejoras en el avión y en sus sistemas, así como en los procedimientos operativos, pero esto no nos permite asegurarnos que ese tipo de accidente no se vaya a volver a repetir. Para conseguir que las causas que han provocado un accidente no vuelvan a producirse accidentes similares, necesitamos determinar el ¿Por qué? de los errores cometidos, es decir, responder a la pregunta de ¿Por qué se cometieron los errores que causaron el accidente?

Cuando la causa del accidente está relacionada con los "Factores Humanos" la típica repuesta al "Qué" es lo que ocurrió suele ser: "Una actuación errónea de los Pilotos". Si nos quedáramos con esta simple conclusión, y no analizáramos la causa que ha provocado que se haya producido esos errores, no evitaremos que se pueda volver a repetir ese tipo de accidente.

Si durante la investigación del accidente hemos sido capaces sólo de determinar el error o los errores cometidos, pero no la razón por la que se han producido, no seremos capaces de asegurarnos que estamos poniendo todos los medios a nuestro alcance para que ese tipo de error no se vuelva a cometer. Algunas veces los errores han sido debidos a la influencia adversa de la fatiga, del estrés, de las distracciones, de las ilusiones visuales, de la desorientación espacial, de aspectos culturales, por la inadecuada comunicación entre las tripulaciones, por la falta de liderazgo, por el inadecuado reparto de tareas, etc.

¿Por qué pilotos experimentados cometen errores que provocan accidentes?, la respuesta a esta pregunta y la definición de las apropiadas acciones correctoras es lo que va a permitir avanzar en la mejora de la seguridad en vuelo. Este es el objetivo, que desde hace muchos años, de lo que se denomina Factores Humanos.

Si no somos capaces de entender por qué sucedió un accidente, no seremos capaces de sacar conclusiones válidas y por lo tanto no podremos proponer acciones y recomendaciones para mejorar la seguridad en vuelo y prevenir que se vuelvan a producir accidentes del mismo tipo.

Durante muchos años se ha invertido mucho esfuerzo en mejorar la seguridad de los sistemas de avión, de su estructura, de su aerodinámica, de sus motores, pero ¿Qué esfuerzo se ha invertido en las personas (Pilotos, Controladores, Personal de Mantenimiento, Cultura de Seguridad de la Compañía)? Es evidente que los aviones han evolucionado mucho pero ¿y las personas?, las personas en cuanto a lo que definimos como Factores Humanos continuamos siendo parecidas. Para disminuir el número de accidentes no hay más remedio que invertir desde los primeros estados de la formación de los pilotos y tripulaciones de cabina en la formación relativa a Factores Humanos: la fatiga, el estrés, la gestión del error, el liderazgo, la comunicación, la motivación, la coordinación entre la tripulación, los automatismos, la gestión de las interrupciones, la conciencia situacional, la toma de decisiones, la cultura de seguridad de un operador, etc.

El mayor número de accidentes e incidentes se producen por errores cometidos por personas responsables de la operación de los sistemas de avión, estas personas pueden ser Pilotos, Controladores Aéreos, Personal de Mantenimiento y Directores Ejecutivos de diferentes organizaciones aeronáuticas.

Es una creencia comúnmente extendida, el pensar que si a una persona se le asigna una tarea razonable y esta persona está convenientemente entrenada, entonces realizará esa tarea repetidas veces sin ningún tipo de error. Sin embargo, después de diferentes estudios realizados y del estudio de accidentes e incidentes de aviación, se ha demostrado que esto es totalmente falso.

Profesionales competentes han cometido errores garrafales mientras realizaban repetitivamente tareas simples. En la gran mayoría de los casos estos errores han sido detectados y corregidos, pero en un número muy pequeño esto no ha sido así y es en estos casos cuando se ha producido el accidente o incidente.

Errar es humano. La industria aeronáutica ha reconocido que el error es posible, y desde este punto de partida es desde el que se debe avanzar para la mejora de la seguridad. Cuando se produce un accidente, la investigación del mismo no se debe detener cuando se determina el "culpable", debe ir más allá, nos debemos preguntar e investigar por qué tripulaciones competentes pueden cometer errores tan simples que produzcan consecuencias catastróficas, es la única forma de progresar, es así como lo ha entendido la industria aeronáutica.

El Anexo 13 de la OACI establece que el objeto de la investigación de un accidente o incidente no es el de encontrar al "culpable" del accidente, sino el de determinar por qué se produjo el accidente. El objetivo final de la investigación de un accidente es el de mejorar la seguridad aérea.

Así pues, el término de "Factores Humanos", es un conjunto de conocimientos que han ido evolucionando más que haber sido descubiertos o inventados.

Las personas cometemos errores por un gran número de razones. Cometemos errores porque no hemos recibido el apropiado entrenamiento para realizar las tareas, o porque no se tienen las habilidades básicas para realizarlas porque se salen de las propias capacidades humanas para poderlas realizar, a pesar de haber recibido el correspondiente entrenamiento. Se cometen errores porque se interpreta erróneamente información importante para la realización de la tarea. Se comenten errores debido a la influencia adversa del estrés, de la fatiga, de las distracciones, las ilusiones visuales, la desorientación espacial, de los aspectos culturales, por la inadecuada comunicación entre las tripulaciones, por la falta de liderazgo, por el inadecuado reparto de tareas. Se comenten errores por no conocer la razón de los diseños de los automatismos, estos automatismos sacan a los Pilotos del "Loop".

Las causas que provocan los accidentes aéreos normalmente no son únicas, sino una concatenación de varias.

El primer paso para conseguir la gestión adecuada de los errores es la de entender la naturaleza de los mismos y de los mecanismos que los producen.

Como ya hemos visto algunos de los factores a considerar dentro de lo que denominamos Factores Humanos son los siguientes:

La Fatiga, el estrés, la gestión del error, el liderazgo, la comunicación, la motivación, la coordinación entre la tripulación, los automatismos, la gestión de las interrupciones, la conciencia situacional, la toma de decisiones, la cultura de seguridad…

Cada uno de ellos, por sí solo, ha sido un factor decisivo en la consecución de un accidente e incidente y son por lo tanto parte de la formación que sobre Factores Humanos se imparten a las tripulaciones de vuelo. Para seguir mejorando la Seguridad aérea, es por tanto necesario invertir, tal y como se ha hecho en la mejora del diseño de los aviones y sus sistemas, en lo que denominamos el "Factor Humano", ya que es, hoy en día, el eslabón más débil de la muy compleja Operación Aérea.

Referencias: A Layman's Introduction to Human Factors in Aircraft Accident and Incident Investigation. ATSB Safety Information Paper.

3. SOPs y la disciplina en cabina

El 24 de noviembre de 2001 a las 20:00 un AVRO 146 RJ 100 de la compañía aérea Crossair despegó del aeropuerto de Berlín con destino a Zurich. A las 20:58 el avión recibió autorización para realizar una aproximación de no precisión VOR/DME a dicho aeropuerto. A las 21:05 el avión alcanzó la MDA, el Comandante, que volaba el avión (PF) comunicó al Primer Oficial que tenía "cierto contacto visual" con el terreno y continuó el descenso. A las 21:06 el avión se estrelló contra un bosque. 21 pasajeros y 3 miembros de la tripulación fallecieron, 7 pasajeros y 3 miembros de la tripulación sobrevivieron al accidente.

La AAIB (Aircraft Accident Investigation Bureau) calificó el accidente como un CFIT (Controlled Flight Into Terrain). Según el informe del accidente, éste se debió a que la tripulación, deliberadamente, continuó el descenso, en condiciones de vuelo IFR, por debajo de la MDA de la aproximación VOR/DME, sin tener el preceptivo contacto visual con las luces de aproximación o de pista. Cuando sonó el aviso del GPWS, la tripulación inició la frustrada, sin tiempo suficiente para evitar el impacto.

El Primer Oficial no hizo ninguna intención de avisar al Comandante de que no continuara el descenso por debajo de la MDA, ya que no tenía contacto visual con la pista. Asimismo no se realizó el reparto de tareas entre la tripulación, tal y como recogen los SOPs publicadas por la compañía aérea.

El 14 de Octubre de 2004, un Bombardier CL-600-2B19 se estrelló a las 22:15 en un área residencial, a unas 2.5 millas al sur del aeropuerto Jefferson (Arkansas).

El despegue se realizó con normalidad. El Primer Oficial era el PF. Los pilotos decidieron ascender hasta la máxima altitud de operación de 41.000 pies. Esta decisión se tomó de manera irracional y no por motivos operacionales. Durante el ascenso los pilotos realizaron maniobras agresivas tanto en cabeceo como en guiñada. El ascenso se realizó con el modo de velocidad vertical del piloto automático conectado. Este uso inapropiado del piloto automático dejó al avión al alcanzar los 41.000 pies en unas condiciones de muy baja energía cinética.

La velocidad inapropiada con la que se realizó el ascenso demuestra la falta de conocimientos, por parte de los pilotos, de la influencia que tiene la velocidad en las actuaciones de subida, así como la importancia de realizar el ascenso según la información publicada en el FCOM.

El avión alcanzó esta altitud con una velocidad muy inferior a la mínima requerida, y ésta continuó disminuyendo hasta alcanzar la velocidad de entrada en pérdida. El avión entró en pérdida y posteriormente en fuera de control. Los motores se apagaron. Los pilotos consiguieron hacerse con el control del avión a unos 34.000 pies. La velocidad de rotación de ambos motores empezó a disminuir de forma que al alcanzar los 28.000 pies las RPMs eran 0.

Tal y como recoge el informe final del accidente, el Comandante demostró una falta total de autoridad, en ningún momento se hizo con el mando del avión, ni realizó el procedimiento de rearranque de motores, que establece una velocidad mínima de 300 nudos para el rearranque del motor en molinete,

Los pilotos después de varios intentos fallidos no fueron capaces de rearrancar los motores. La tripulación intentó entonces realizar un aterrizaje de emergencia en el aeropuerto de JEF, pero finalmente se estrelló antes de alcanzarlo.

En el accidente murieron el Comandante y el Primer Oficial, el avión quedó completamente destrozado. En tierra no hubo víctimas. El vuelo, que era de reposicionamiento, se estaba operando en IFR y las condiciones meteorológicas eran visuales.

En la revista Aviation Week, Richard N. Aaron escribe: "He estado siguiendo los informes de accidentes de la NTSB y de su predecesor la Civil Aeronautics Board durante más de 40 años y no recuerdo nunca haber leído que como causa probable de un accidente se haya establecido algo tan brutalmente franco como lo que se asevera como causa de este accidente".

Lo que determinó la NTSB es que la probable causa de este accidente fue: 1. El comportamiento absolutamente poco profesional de los pilotos, su desviación en la aplicación de los Standard Operating Procedures (SOP) y sus pobres conocimientos básicos de pilotaje, provocaron una emergencia en vuelo de la que fueron incapaces de recuperar el avión.2. El fallo de los pilotos a la hora de prepararse para un aterrizaje de emergencia, incluyendo la falta de comunicación con el ATC para informar de la pérdida de ambos motores y poder recibir del ATC información sobre los emplazamientos más apropiados para hacer un aterrizaje de emergencia. 3. El fallo de los pilotos de no alcanzar y mantener la velocidad que aparece en el procedimiento de fallo de ambos motores, que causó que el rotor dejará de girar y se presentará una condición de "core lock engine".

Estos dos accidentes nos ilustran fehacientemente sobre las consecuencias de no seguir los SOPs y de no mantener una estricta disciplina en cabina.

Según la NTSB un número cada vez mayor de accidentes se producen por la falta de disciplina de las tripulaciones a la hora de seguir los SOPs.

Robert Sumwalt, vicepresidente de la NTSB, cuando habla sobre este tipo de accidentes, asegura que " ... de lo que en definitiva se trata es de la profesionalidad a la hora de realizar nuestro trabajo como pilotos...": Asegura también que de acuerdo con los últimos datos de las observaciones LOSA, se demuestra que las tripulaciones que se desvían de los SOPs son tres veces más propensas de cometer errores adicionales a los ya cometidos por no cumplir con los SOPs, con resultados que afectan de manera importante a la seguridad de vuelo. Así mismo dice que las desviaciones con relación a los SOPs disminuyen los márgenes de seguridad de la operación y pueden acabar en violaciones, en incidentes o en el peor de los casos en accidentes.

Por el contrario, los pilotos que operan siguiendo unos SOPs bien definidos y son disciplinados a la hora de seguirlos, obtienen los márgenes de seguridad más elevados así como las mejores estadísticas.

Edward Mendenhall (Flight Safety Foundation) asegura que la disciplina en cabina se debe obligar a seguir desde los puestos directivos de las compañías aéreas, en definitiva: "los máximos responsables deben quererla". La cultura de seguridad en la compañía aérea debe tener como punto de partida la convicción por parte de la dirección de que el seguimiento escrupuloso de los SOPs y la existencia de una clara disciplina en cabina es la pieza fundamental de una operación segura.

En la revista AeroSafety World en su número de Febrero de 2007 en el artículo "Discipline as Antidote" Meter Agur expone: "... todo el mundo dice que quiere seguridad, pero sin embargo, todos hemos aprendido desde pequeños que existen dos tipos de reglas, las formales o escritas y las de la vida real, no escritas. Cuando existe una diferencia grande entre estos dos tipos de reglas, las de la vida misma se convierten en las reglas estándares a seguir". "¿Qué solución podemos dar a este problema?. La solución, no es ni más ni menos, que establecer y mantener un compromiso universal de la Compañía con el seguimiento de las reglas formales (las escritas), esto es: las que se encuentran publicadas como SOPs en los Manuales de Operaciones, en las Políticas de la Compañía, etc. Este énfasis en el seguimiento de los SOPs debe partir de los más altos estamentos de la Dirección. Algunos "Aviation Managers" dicen que ellos prefieren políticas de compañía y procedimientos vagos en su definición, para poder así, ser más flexibles a la hora de su interpretación, facilitando la realización del trabajo. Error garrafal. El mensaje que se envía a los empleados es el siguiente: la seguridad es un factor variable, no absoluto, en cambio realizar el servicio/la operación a toda costa, eso sí que es el valor absoluto.

Por otra parte, los SOPs deben establecer instrucciones de forma clara, así como permitir por parte de las tripulaciones el empleo de su "buen juicio", facilitando que se pueda compaginar tanto la seguridad como la flexibilidad necesaria para la realización de las operaciones aéreas de forma segura y eficiente.

Con el sistema LOSA de observaciones en Cabina se puede medir cómo se siguen los SOPs. Según los últimos resultamos (Segunda Conferencia Internacional sobre Seguridad en Vuelo y Factores Humanos organizada por Air Europa en la Universidad

Camilo José Cela) se ha podido medir que en casi el 98% de los vuelos se comete algún tipo de error que finalmente provoca que no se sigan los SOPs. Estos tipos de errores se producen en todos los vuelos, las tripulaciones deben estar entrenadas para detectarlos y saber gestionarlos. Por lo tanto la Compañía Aérea debe tener una política clara de seguridad, que exija el seguimiento escrúpulo de los SOPs y el de mantener una estricta disciplina en cabina.

4. A330 sin motores en la mitad del Atlántico

El 24 de Agosto de 2001, un A-330-243 de Air Transat aterrizó, con todos los motores parados, en el aeropuerto de Lajes en la Isla Terceira de las Azores, después de haber planeado 65 millas náuticas (120 kilómetros); la razón: se quedó sin combustible en medio del Atlántico.

El vuelo de la línea aérea canadiense Air Transat TSC236, era un vuelo regular que tenía como destino el aeropuerto de Lisboa y partía del aeropuerto de Toronto (Canadá). A bordo viajaban 293 pasajeros, la tripulación la componían 13 personas.

El avión despegó a las 00:52 con una cantidad de combustible de 46.9 toneladas.

De acuerdo con el informe final del accidente, el vuelo transcurría con normalidad hasta que cruzó el meridiano 30º Oeste, situado en mitad del Atlántico. Eran las 05:03, en ese momento apareció en la cabina de pilotaje, un aviso con indicaciones anormales de aceite del motor derecho. Las indicaciones eran contradictorias, baja temperatura de aceite, bajo nivel de cantidad de aceite y elevada presión de aceite. Los Pilotos no encontraron en los manuales ninguna información sobre las posibles causas de las indicaciones, ni un procedimiento a aplicar. Se pusieron en contacto con el centro de mantenimiento de la compañía para recabar información.

La investigación de esta anomalía les mantuvo ocupados durante bastante tiempo.

¿Qué podría ser lo que estaba provocando esas indicaciones tan contradictorias? La tripulación comenzó a pensar que el problema podría ser debido a un fallo en el sistema de indicación. No podían ni sospechar cuál era la verdadera razón de esas indicaciones. En ese momento se encontraban en la mitad del Atlántico y muy lejos de cualquier aeropuerto.

A las 05:33, media hora después de aparecer el primer aviso, se presentó un mensaje en el sistema centralizado, ECAM, que avisaba a la tripulación de la existencia de una asimetría de combustible entre los depósitos de combustible del ala derecha e izquierda. En condiciones normales de vuelo, las cantidades de combustible de los depósitos de un lado del ala y del otro deben ser parecidas. Cuando difieren en un determinado valor, hay que consumir combustible sólo del lado que se tiene más hasta que las cantidades en ambos lados se igualan. Es decir durante un cierto periodo de tiempo se alimentan todos los motores desde el depósito que tiene más combustible. Esta operación es lo que se conoce como "alimentación cruzada". Dado que la cantidad de combustible en el lado derecho era inferior al lado izquierdo, la tripulación comenzó a alimentar ambos motores desde el lado izquierdo. Los Pilotos realizaron este procedimiento de memoria, sin emplear lista de chequeo. Este procedimiento indica que antes de realizar la alimentación cruzada, se deben asegurar que no existe una fuga de combustible, ya que si existe una fuga de combustible en el motor, la alimentación cruzada facilitará aún más la pérdida de combustible. Y esto precisamente es lo que pasó, sin que se percataran los Pilotos.

El sistema de avisos del A-330 ECAM, no está diseñado para proporcionar una indicación específica de fuga de combustible. La tripulación debe comprobar periódicamente durante el transcurso del vuelo, que la suma del combustible a bordo y del combustible consumido es igual al combustible repostado en el aeropuerto de salida.

Así pues, la tripulación realizó de forma rutinaria la alimentación cruzada hasta que descubrieron con asombro que se habían "esfumado" 7 toneladas de combustible.

No encontraban explicación a las indicaciones que mostraban una cantidad de combustible que estaba muy por debajo de los valores que deberían tener, por lo que pensaron que era un fallo en las indicaciones de cantidad de combustible, es decir un fallo en los ordenadores de abordo. Sin embargo, por fin, comienzan a sospechar de la existencia de una fuga de combustible.

El informe final del accidente dice que la fuga de combustible es una incidencia que no ocurre prácticamente nunca, y que por lo tanto no forma parte del entrenamiento de las tripulaciones, por lo que los Pilotos no están familiarizados en su detección.

La tripulación comenzó a hacer comprobaciones de la cantidad de combustible que tenían abordo y a las 05:45 comprobaron que con las cantidades indicadas, no tenían suficiente combustible para alcanzar el aeropuerto de destino Lisboa, y decidieron dirigirse a Lajes, en la Isla de Terceira (Azores).

A las 05:48, la tripulación comunica al centro de control de Santa María que se dirigen a Lajes debido a un problema de combustible, en ese momento la cantidad de combustible abordo era de 7 toneladas. Siguen pensando que una reducción tan grande en la cantidad de combustible no era posible. Para asegurarse de que no se trata de una fuga requieren a los tripulantes de cabina de pasajeros que inspeccionen la zona de las alas y los motores. El chequeo visual que hicieron en plena noche, resultó negativo.

A las 05:54, para aminorar el continuo y elevado régimen de reducción de combustible abordo, la tripulación decidió alimentar ambos motores desde el depósito derecho en vez del izquierdo, con la intención de que si la fuga estuviera en el depósito derecho, fuera preferible preservar el del depósito izquierdo, en vez de dejarlo perder. Esta acción demuestra la falta de conciencia situacional de la tripulación en lo referente a lo que estaba ocurriendo en sistema de combustible.

No entienden qué está pasando, al no entender lo que sucede las decisiones que van tomando una tras otra, son erróneas. De ahí la importancia que se da en los principios de Factores Humanos (CRM) a mantener siempre una continua Conciencia Situacional cómo necesaria para la correcta toma de decisiones.

La tripulación contactó con el despachador de vuelo para comunicarle las lecturas inexplicablemente bajas de combustible, en ese momento abordo había sólo 4.8 toneladas, 12 toneladas menos de las planificadas. Es decir se habían "esfumado" 12 toneladas de combustible.

A las 05:58 se muestra en el ECAM el aviso de bajo nivel de combustible en el depósito derecho, lo que indica que la cantidad en ese depósito es de tan sólo 1640 kilos.

A las 06:08 se muestra en el ECAM el aviso de bajo nivel de combustible también en el depósito izquierdo.

A las 06:13, mientras todavía seguían volando en condiciones de visión nocturna, a 39.000 pies (11.890 metros) y a 150 millas náuticas (278 Kilómetros) de Lajes, el motor derecho se paró. La tripulación informó al control aéreo de Santa María que el motor derecho se había detenido y que descendían.

Cuando volaban a 37.000 pies y estaban a 120 millas náuticas (222 kilómetros) de Lajes establecieron contacto visual con las luces de la isla de Terceira.

A las 06:15 el combustible abordo era de tan sólo 600 kilos.

A las 06:23 declararon "Mayday", y comunicaron al control de tráfico aéreo que podría ser posible que tuvieran que realizar un amerizaje.

A las 06:26 cuando estaban aún a 65 millas náuticas (120 kilómetros) de Lajes y a una altitud de 34.500 pies, el motor izquierdo también se paró. La tripulación ejecutó el procedimiento "Parada de los dos motores" e iniciaron un descenso dramático, sin motores, hacia Lajes. El Comandante seleccionó la mejor velocidad para que planeando pudieran alcanzar el aeropuerto.

Cuando se paran todos los motores, automáticamente se extiende un generador eléctrico denominado RAT que proporciona la potencia necesaria para alimentar a los equipos de emergencia mínimos para poder volar el avión. Quedaron inoperativos un gran número de equipos como los flaps, los frenos, spoilers, la reversa de los motores, etc.

A las 06:31, el vuelo se transfirió al control aéreo de aproximación de Lajes que proporcionó vectores a los pilotos para alcanzar el aeropuerto. Los pilotos continuaron realizando la aproximación, mientras buscaban desesperadamente las luces de la pista. Cuando se encontraban a 8 millas náuticas del aeropuerto, y una vez establecido el contacto visual con la pista, el Comandante realizó un viraje de 360 grados, con la intención de perder altura y ajustar lo mejor posible el aterrizaje. Durante el viraje, configuraron el avión para el aterrizaje, sacando los slats y bajando el tren de aterrizaje, cuando se encontraban en la aproximación final realizaron giros en "eses" (S-turns) para perder la altitud todavía excesiva que tenían.

A las 06:45, el avión cruzó la cabecera de la pista 33, a unos 200 nudos (370 Km/h) y tocó la pista con dureza, volviendo a irse al aire, realizó a continuación una nueva toma e inmediatamente aplicaron frenos a máxima potencia. Finalmente el avión se detuvo. En el área del tren principal izquierdo se produjo un pequeño fuego que fue inmediatamente extinguido por los bomberos.

El Comandante ordenó que se iniciase la evacuación de emergencia. La evacuación se realizó, resultando heridos leves 14 pasajeros y dos tripulantes de cabina y dos personas recibieron heridas graves. El avión sufrió daños estructurales en el fuselaje y en el tren de aterrizaje principal.

Desde que se pararon los motores, hasta que tomaron tierra, transcurrieron unos 18 minutos.

La gestión de esta emergencia por parte de los pilotos, la califica el informe oficial como "excepcional", teniendo en cuenta lo estresante de la situación, las condiciones visuales de vuelo nocturnas, los pocos instrumentos de vuelo disponibles, lo limitado del control de cabeceo y además la falta de entrenamiento recibido sobre una situación parecida. Lo que demuestra que finalmente cuando la tripulación comprendió y asumió la situación en la que se encontraban (Conciencia Situacional) fueron capaces de tomar correctamente multitud de decisiones en muy poco tiempo.

¿Por qué la tripulación no detectó que existía una fuga de combustible?

El informe final dice que las indicaciones de motor no mostraban ningún comportamiento anormal, no había habido ninguna condición durante el vuelo que pudiera hacer sospechar a la tripulación que se estaba perdiendo combustible, el chequeo visual en busca de indicios de una posible fuga de combustible fue negativo, no apareció en el ECAM ningún aviso que hiciera sospechar que había algún problema importante, la cantidad de combustible perdido era tan grande que los pilotos no podían asumir que estos valores fueran creíbles, a esto hay que añadir la falta de entrenamiento para detectarlas. Todo ello les llevó a pensar que debería ser un fallo de los ordenadores.

El informe del accidente estableció que la fuga de combustible se debió a la instalación incorrecta de la bomba hidráulica del motor derecho.

5. Helios B-737

¿Cómo es posible que se pueda producir un accidente tan grave como el que vamos a estudiar por la selección errónea de un sólo control por parte de los pilotos? El error cometido por la tripulación al no posicionar correctamente el control de modo del sistema de presurización, fue crucial en el desarrollo de la serie de sucesos que desencadenaron este accidente. La tripulación no se percató del error cometido a pesar de existir hasta cinco claras ocasiones en las que podrían haber detectado el error cometido.

El 14 de Agosto de 2005, un B-737-300 de Helios Airways, despegó de Lárnaca (Chipre) a las 6:07 h con destino Praga (República Checa) vía Atenas (Grecia). Una vez que despegó de Lárnaca, el avión tenía autorización para ascender a nivel de vuelo FL340.

Mientras ascendía, y cuando se encontraban a 16.000 pies, el Comandante contactó con el Centro de Operaciones de la Compañía Aérea para informar que tenían un aviso de Configuración Insegura de Despegue y problemas con el Sistema de Refrigeración de los equipos de Aviónica.

Se establecieron numerosas comunicaciones entre el Comandante y el Centro de Operaciones de la compañía aérea durante aproximadamente unos ocho minutos. Estas terminaron cuando el avión alcanzó los 28.900 pies. Después, y sin ningún motivo aparente los pilotos de Helios dejaron de responder a las insistentes llamadas que por radio se intentaron establecer con el avión.

El Control de Tráfico Aéreo comprobó cómo el avión se niveló cuando alcanzó el nivel de vuelo autorizado FL340 y continuó volando su ruta programada sin contestar a las llamadas del Control de Tráfico.

¿Qué estaba sucediendo en el vuelo de Helios?

Al no recibirse respuesta a las numerosas llamadas del Control de Tráfico Aéreo, dos F-16 de la Fuerza Aérea Griega despegaron para interceptarlo. Una vez interceptado, uno de los pilotos griegos observó que el asiento del Comandante estaba vacío y que el asiento del Primer Oficial estaba ocupado por una persona que estaba inconsciente y apoyada contra los mandos de vuelo, las máscaras de oxígeno de los pasajeros estaban desplegadas y al menos tres pasajeros las tenían colocadas.

Un poco más tarde pudo observar cómo una persona, que llevaba colocada una máscara de oxígeno, entró en la cabina de vuelo y se sentó en el asiento del Comandante. El piloto del F-16 trató de atraer su atención, sin éxito. Al poco tiempo el motor izquierdo se apagó, al consumirse el combustible de abordo, el avión comenzó a descender, en ese momento se grabaron en el CVR dos mensajes de "MAYDAY". Mientras el avión descendía, el motor derecho también se apagó, estrellándose el avión. Fallecieron los 115 pasajeros y los 6 miembros de la tripulación.

Según el Informe del accidente las causas directas del accidente fueron:

- El fallo de los pilotos cuando realizaron las listas de chequeo de "Prevuelo", "Antes del Arranque" y "Después del Despegue" al no reconocer que el selector del modo del sistema de presurización estaba en la posición de Manual en vez de Automático.

- El fallo de los pilotos al no identificar correctamente los avisos de "Altitud de Cabina" y la de "Despliegue de las máscaras de oxígeno en la cabina de pasajeros".

- La incapacitación de los pilotos debido a la hipoxia que sufrieron, que produjo que perdieran la conciencia y que el avión continuara volando la ruta programada de forma automática. Cuando se consumió todo el combustible, los motores se apagaron y finalmente el avión se estrelló.

Entre las causas latentes de este accidente podemos citar, las deficiencias del operador en cuanto a su organización, la gestión de la calidad y su falta de cultura de seguridad en vuelo.

¿Por qué los pilotos no configuraron correctamente el sistema de presurización del avión?

El sistema de presurización es esencial para asegurar la supervivencia de los ocupantes de un avión cuando éste vuela por encima de 10.000 pies. Si el sistema no presuriza la cabina, la presión en el interior del avión es igual a la exterior y por lo tanto cuando el avión vuele por encima de 10.000 pies los ocupantes del avión sufrirán de hipoxia. Esto es lo que pasó en este accidente.

La mañana antes del accidente, se realizó una tarea de mantenimiento en el avión que consistía en comprobar el correcto funcionamiento del sistema de presurización. Una vez terminada, el personal de mantenimiento dejó el selector de modo de presurización en Manual en vez de dejarlo en Automático, que es el modo normal de operación de este sistema.

El sistema de presurización del B-737-300 se diseñó para mantener una altitud en cabina de 8.000 pies a la máxima altitud de vuelo de 37.000 pies. El sistema se puede operar en modo automático o manual, mediante un selector en cabina que tiene las posiciones de AUTO y MAN respectivamente. Con el sistema operando en modo automático, que es el modo normal de operación, la tripulación selecciona la altitud de crucero prevista y la altitud del aeropuerto de destino, de esta forma el sistema de presurización ajusta la presión en cabina de forma automática y por lo tanto se asegura la supervivencia y el confort de los ocupantes del avión.

Con el control de presurización en la posición MAN, es la propia tripulación de vuelo, la que controla directamente la presión en cabina. El modo manual es el que se utiliza cuando el modo automático está inoperativo.

Cuando la tripulación entró aquella mañana en la cabina de vuelo, el selector de modo del sistema de presurización se encontraba en la posición de MAN, y cuando la tripulación realizó las acciones incluidas en las listas de chequeo de "Preparación de Cabina" y "Antes del Arranque " no colocó este selector en la posición de AUTO. El informe del accidente dice que "El hecho de que la tripulación no rectificara la posición del selector de modo de presurización durante la preparación del vuelo, fue crucial en la secuencia de sucesos que precipitaron el accidente".

En la lista de chequeo de "Después del Despegue" existe un punto consistente en la comprobación del correcto funcionamiento del sistema de presurización, pero esta comprobación no la realizaron. Esta fue la tercera oportunidad para reconocer el error anteriormente cometido.

Cuando el avión alcanzó los 12.040 pies la presión en cabina era de 10.000 pies y el aviso de despresurización en cabina comenzó a sonar. Este aviso sonoro es igual al de despegue con configuración insegura. Esta fue la cuarta oportunidad para detectar el problema, pero la tripulación interpretó equivocadamente que este aviso era el de configuración de despegue inseguro en vez del que avisa que la cabina no está presurizada.

Cuando apareció este aviso los pilotos lo primero que deberían haber hecho era colocarse las máscaras de oxígeno y detener el ascenso del avión. No realizaron ninguna de estas dos acciones. El Comandante estableció comunicación con el centro de operaciones de la compañía informando de un aviso de configuración de despegue insegura. Al poco tiempo de establecida esta comunicación, aparecieron dos nuevos avisos el de "Equipment Cooling Light" y el "PASS OXY ON", este último avisa que las mascarillas de oxígeno de los pasajeros se han desplegado. La tripulación centró su atención en los problemas de refrigeración de los equipos y no se percató de los problemas con la presurización, ni que las máscaras de oxígeno de los pasajeros se habían desplegado. Esta era la quinta y última oportunidad de darse cuenta de lo que estaba pasando y del error cometido.

Importante es subrayar que los tripulantes de cabina no se pusieron en comunicación con los pilotos para comunicarles lo que estaba pasando en la cabina de pasajeros.

Al poco tiempo los pilotos perdieron el conocimiento debido a la hipoxia y transcurridos unos minutos, les pasó lo mismo a los pasajeros y a los tripulantes de cabina al consumirse el oxígeno almacenado. Excepto a uno de los tripulantes de cabina que consiguió hacer uso de una de las botellas de oxígeno portátil, éste es el tripulante que posteriormente entró en la cabina de pilotos y voló durante un cierto tiempo el avión antes de estrellarse.

Este accidente pone de manifiesto la importancia que tienen para la eliminación de los accidentes los temas que se imparten en el entrenamiento sobre factores humanos:

- El seguimiento escrupuloso de los procedimientos de vuelo.
- La importancia de la Conciencia Situacional.
- La comunicación entre los tripulantes, no hubo ni una sola comunicación entre los pilotos y los tripulantes de cabina.
- La importancia de la Cultura de Seguridad de una Compañía Aérea. En el caso de Helios era deficiente y es una de las causas latentes que provocó este accidente.

6. ASERTIVIDAD

El 27 de Enero de 2009, a las 0437, un ATR 42-320, N902FX, que operaba como vuelo 8284 de "Empire Airliners" se estrelló mientras realizaba una aproximación al aeropuerto de Lubbock Preston Smith en Texas. El Comandante resultó herido grave mientras que la Primer Oficial herida leve. El avión estaba registrado como FedEx y estaba operado por "Empire Airliners", quedó completamente destruido. El avión había despegado del aeropuerto de Fort Worth, Texas. Las condiciones meteorológicas eran en el momento del accidente Instrumentales (IMC).

La NTSB determinó que la probable causa del accidente fue el fallo de los pilotos al no vigilar y mantener la velocidad mínima de vuelo mientras realizaban una aproximación en Condiciones de Engelamiento, lo que provocó la entrada en pérdida a baja altitud. Contribuyeron al accidente los siguientes factores:

- El fallo de la tripulación de vuelo al no seguir los SOP después de la aparición de fallo de los flaps.
- La decisión del Comandante de seguir la aproximación a pesar de que no estaba estabilizada.
- El pobre Crew Resource Management (CRM) que mostraron los pilotos.
- La fatiga a la que estaban sometidos los pilotos debido a la hora en la que se produjo el accidente y al débito de sueño que tenían en ese momento, lo que probablemente redujo la actuación del Comandante.

La aproximación la estaba volando la Primer Oficial (PF), con el piloto automático enganchado, en un momento de la misma pidió 15 º de flaps, apareció asimetría de flaps, el flap derecho no se extendió y el izquierdo lo hizo parcialmente. 40 segundos después, cuando el avión se encontraba a unos 1400 pies de AGL, el Comandante anunció "No tenemos flaps".

Los pilotos, según los SOP, deberían haber realizado un "go around" y deberían haber seguido el procedimiento apropiado de la QRH, cosa que no hicieron. El Comandante, sin discutir ningún plan de acción con la Primer Oficial, comenzó de forma no estándar a investigar las posibles causas de la asimetría de flaps, mientras que la Primer Oficial continuó volando la aproximación. Ninguno de los dos vigiló la velocidad, permitiendo que ésta se redujera hasta que se activó el "stall warning" y el "stick shaker". En ese momento la Primer Oficial preguntó al Comandante si debería realizar un Go-around, pero el Comandante hizo caso omiso de su requerimiento.

Cuando el avión se encontraba a unos 700 pies de AGL, el Comandante tomó el control del avión, y continuo volando la aproximación no estabilizada incluso a pesar de que volvió a activarse varias veces el "stick-shaker "y apareció el aviso sonoro "pull up" del sistema TAWS (Terrain Awareness and Warning System), en este momento el avión se encontraba a 500 pies de AGL justo por debajo del techo de nubes y la Primer Oficial tenía la pista a la vista. Descendían a una velocidad de 2050 pies por minuto. 2 segundos después de que se activara el aviso del TAWS, los flaps volvieron a su posición simétrica por lo que ya no fue preciso durante el resto del vuelo corregir la asimetría de flaps.

Tanto en el caso de activación del "stick shaker" como en el caso del aviso del TAWS el procedimiento a seguir requiere la aplicación inmediata de máxima potencia de motor. Sin embargo el Comandante no aplicó la máxima potencia de motor hasta pasados 17 segundos desde que sonó el aviso del TAWS. Según el informe del accidente si el Comandante hubiera actuado convenientemente cuando sonaron simultáneamente los dos avisos del "stick shaker" y del TAWS iniciando de forma inmediata un go-around, probablemente se hubiera detenido el descenso, y se hubiera aumentado la velocidad el avión y así se hubiera evitado la entrada en pérdida que se produjo segundos antes del impacto contra el terreno.

Cuando sonó el aviso de entrada en pérdida, la velocidad del avión era de 124 kts, aproximadamente 19 kts menos que la mínima velocidad de aproximación, que debería de haber sido de 143 kts.

Unos dos segundos después de que sonara el aviso de entrada en pérdida, el avión realizó un alabeo no comandado, seguido de una serie de alabeos, guiñadas y oscilaciones en cabeceo que continuaron produciéndose hasta el impacto final contra el terreno.

Empire Airlines había despachado el avión en Condiciones de Engelamiento que incluían "freezing drizzle" que estaban fuera de las condiciones de engelamiento certificadas. A pesar de que el avión había acumulado hielo durante la aproximación, que degradaron las actuaciones del avión, la degradación que se produjo, según el informe del accidente, no fue tal que no hubiera permitido el control del avión, siempre y cuando se hubiera mantenido la velocidad mínima declarada en el Manual de Vuelo.

Como ocurre en la gran mayoría de accidentes son muchos los factores que contribuyen a que el accidente se produzca. En este artículo vamos a estudiar lo relacionado con la información que aparece en el Informe del Accidente sobre CRM.

Durante el descenso inicial la tripulación aplicó correctamente el CRM, el Comandante completó la lista de chequeo de descenso e inmediatamente comenzó la de aproximación, adelantándose a las necesidades de la Primer Oficial. Sin embargo una vez que se identificó la asimetría de flaps, el CRM de la tripulación empeoró hasta el punto de que el Comandante, según el informe del accidente, no lideró adecuadamente la respuesta al fallo de asimetría de flaps.

El Comandante tenía aproximadamente 13.935 horas de vuelo, de las cuales 2.052 eran en el ATR 42 y tenía también una amplia experiencia en vuelo en condiciones de engelamiento. El Comandante llevaba trabajando para Empire Airlines desde hacía 20 años. Así que debería estar muy familiarizado con los SOP de Empire Airlines y con el vuelo en estas condiciones meteorológicas. Sin embargo el Comandante tal y como recoge el informe del accidente falló en el seguimiento de los SOP y en hacerse con el control de la situación. Después de identificar el fallo de asimetría de flaps, el Comandante no comunicó a la Primer Oficial cuáles eran sus intenciones para gestionar la situación. Por el contrario, el Comandante siguió su propio plan de acción sin proporcionar ninguna guía o directriz a la Primer Oficial o bien hubiera podido haber realizado las tareas asignadas a él como Pilot Monitoring que aparecen en los SOP. Si hubiera hecho esto, hubiera ayudado a la Primer Oficial a gestionar la situación durante la aproximación.

Las tripulaciones de vuelo que habían volado con el Comandante declararon en las entrevistas que se mantuvieron durante la investigación del accidente que el Comandante era un piloto muy bueno y experimentado y buen Comandante y le calificaron como un "gurú".

La Primer Oficial tenía 2.019 horas de vuelo, de las cuales 130 horas eran en el ATR 42 y muy poca experiencia en el vuelo en condiciones de engelamiento.

La diferencia tan grande de experiencia probablemente creó un enorme gradiente de autoridad en cabina.

El material de los cursos de CRM de Empire Airlines incluye en sus presentaciones, información en la que se anima a los pilotos a informar con la persistencia apropiada hasta que se alcance a una clara resolución de la situación. Sin embargo la Primer Oficial no recordaba si durante el curso de dos días de CRM se incluyó o no el tema de la asertividad.

Los SOP de Empire Airlines establecen que si durante la aproximación se requiere un "go-around", el Pilot Flying debería anunciar la maniobra de "go-aroun" e iniciar el procedimiento.

En este accidente la Primer Oficial en vez de directamente expresar su preocupación sobre la aproximación estabilizada, preguntó al Comandante si realizaba un go-around, incluso sabiendo que los procedimientos de la compañía obligaban a realizar un go-around en el caso de la activación del stick-shaker. La Primer Oficial indicó que realizando esa pregunta era su forma de expresar que ella quería realizar un go-around. Los Comandantes que habían volado con la Primer Oficial declararon que a pesar de que ella no mostraba tener problemas a la hora de comentar cualquier cosa en cabina, sí que realizaba muchas preguntas durante el vuelo relacionadas con habilidades que ella ya poseía.

La Primer Oficial declaró que cuando el Comandante le respondió que no a su pregunta de realizar un go-around, sintió que el Comandante tenían una buena razón para no realizar el go-around y que ella confió que el Comandante había tomado la decisión correcta. Dijo también que después de que el Comandante tomara el control del avión, ella continuaba preocupada con la aproximación y sintió que debería otra vez anunciar el go-around pero que no sabía por qué no lo hizo.

La NTSB concluye en el informe del accidente que el fallo de la Primer Oficial en comenzar la maniobra de go-around cuando se percató que la aproximación no era estabilizada, probablemente se debió al enorme gradiente de autoridad que había en cabina y al escaso entrenamiento que sobre asertividad había recibido, además el caso omiso que hizo el Comandante al requerimiento de la Primer Oficial a realizar el go-around probablemente la desanimó para volver a insistir.

La NTSB subraya en el informe que en el entrenamiento de CRM que recibió la Primer Oficial no se incluyeron "role-playing activities" (juegos de rol) en los que los pilotos pudieran practicar y desarrollar las habilidades propias de la asertividad. Estas prácticas permiten a los pilotos rellenar el hueco existente entre los conocimientos adquiridos en los cursos teóricos sobre asertividad y las acciones necesarias que se deben realizar en la cabina para ser asertivos de una forma eficaz. Concluye así la NTSB en el informe del accidente que "los juegos de rol" son esenciales durante el entrenamiento sobre asertividad y por lo tanto recomienda a la FAA que requiera estos ejercicios o ejercicios equivalentes que se desarrollen en el simulador para que los Primeros Oficiales puedan expresar asertivamente sus preocupaciones sobre el desarrollo del vuelo.

7. La Importancia de la Gestión Adecuada de las Distracciones/Interrupciones Parte I

El 4 de octubre de 2007 a las 11:23, un CN-235-100 de la Fuerza Aérea Turca aterrizó sin tren de aterrizaje en el aeropuerto de Cazaux (Francia) después de un vuelo de ensayos. El avión se detuvo en la pista, la tripulación compuesta por tres franceses y un indonesio resultaron ilesos. El avión no recibió daños importantes.

En el informe del incidente la BEAD (Air Defence Accident Investigation Bureau) determinó que la probable causa fue que mientras el avión se encontraba en aproximación, apareció un aviso relacionado con la asimetría de flaps, debido a que las bombas hidráulicas no habían sido conectadas antes de actuar la palanca para bajar los flaps. La tripulación realizó entonces, el procedimiento correspondiente de memoria, en ningún caso se siguió la lista de chequeo. Mientras se aproximaban a la pista, la tripulación estuvo concentrada en resolver éste problema. Antes de aterrizar el Comandante pidió que se bajara el tren de aterrizaje, éste no bajó porque no estaban las bombas hidráulicas conectadas. La tripulación continuó entretenida en resolver el fallo de asimetría de flaps y en el cálculo de la velocidad de aterrizaje sin flaps extendidos. Nunca se realizó la checklist de aterrizaje.

La resolución de condiciones anormales o situaciones no previstas les mantuvo entretenidos, impidiéndoles darse cuenta que el tren no estaba extendido.

En este otro caso la causa de la distracción se debe a las comunicaciones con el ATC.

El 15 Junio de 2006, un B-737 carguero de TNT se encontraba a unos 500 pies AGL realizando una aproximación de Categoría IIIA al aeropuerto de "Nottingham East Midland", cuando el ATC se puso en contacto con la tripulación para pasarles una comunicación de su Compañía Aérea que les pedía que no aterrizaran en ese aeropuerto.

El Comandante, que volaba el avión (PF), inadvertidamente pulsó el botón de desconexión del piloto automático en vez de pulsar el de transmisión de comunicaciones. Su intención era pedir que les aclarasen el mensaje. Al desconectarse el Piloto Automático, el B-737 se desvió por encima de la Senda de Descenso y del curso del Localizador, a continuación comenzó a descender rápidamente. Después de unos momentos de confusión el Comandante inició un Go Around. Este se inició demasiado tarde, no pudiéndose evitar el contacto con el terreno. El tren principal derecho se separó del avión. El avión volvió al aire, finalmente realizó un aterrizaje de emergencia, sin tren principal derecho, en el aeropuerto de Birmingham.

En este caso el causante de la distracción fue la comunicación del ATC, que distrajo la atención de la tripulación en una fase crítica del vuelo que requiere de una concentración extrema.

El 21 de agosto de 1988, un B-727 de la compañía aérea Delta Airliners se estrelló cuando despegaba de la pista 18L del aeropuerto de Dallas-Forth Worth (Texas). De los 101 pasajeros y 7 miembros de la tripulación; 12 pasajeros y 2 tripulantes resultaron muertos. El avión resultó completamente destruido por el impacto y el posterior incendio.

La NTSB determinó que la causa probable del accidente fue la falta de disciplina en cabina por parte del Comandante y el Primer Oficial, que provocó que se despegara sin los flaps y los slats configurados para el despegue, así como el fallo del sistema de aviso de configuración al despegue inseguro. El vuelo se había retrasado 20 minutos desde que salió de la rampa hasta que recibió el permiso para el despegue. Durante buena parte de este tiempo la tripulación estuvo discutiendo temas no operacionales entre ellos y con una tripulante de cabina de pasajeros.

Estas conversaciones sobre temas no operacionales les impidió configurar correctamente el avión para el despegue.

Las Interrupciones y Distracciones en cabina suelen ser momentáneas, pero todas desvían la atención de los pilotos de las tareas que están realizando.

¿Cuáles son las causas que provocan las Interrupciones y Distracciones?

Según la NASA ASRS son las siguientes:

- Las comunicaciones son la causa más frecuente. Por ejemplo recibir los datos de pesos finales mientras se está en rodaje, o la entrada en cabina de pilotos de un tripulante de cabina, etc.
- La realización de tareas que obligan a los Pilotos a mantener la cabeza mirando dentro de la cabina y no mirando fuera. Por ejemplo leer las cartas de aproximación, o programar el FMS, etc.
- La resolución de condiciones anormales o situaciones no previstas. Fallo de algún sistema, fenómenos meteorológicos, etc.

- La búsqueda de tráficos aéreos después de que se haya presentado algún aviso de TA/RA.

¿Qué efectos producen en las tripulaciones?

El principal efecto de las interrupciones y de las distracciones es el de romper el flujo normal de las actividades de cabina, es decir interrumpir la realización de los procedimientos normales de las listas de chequeo, interrumpir las comunicaciones, las tareas de monitorización, los chequeos cruzados, etc.

Cuando por cualquier motivo varias tareas se deben realizar al mismo tiempo, la limitación humana obliga a realizar primero una en detrimento de las otras. Es en éstas últimas tareas pospuestas donde se producen los errores.

Veamos lo que pasó en el siguiente accidente:

El 28 de agosto de 1973 de noche, un C-141 Starlifter de la Fuerza Aérea de Estados Unidos se estrelló contra un promontorio situado en la aproximación del ILS de la pista 23 del aeropuerto de Torrejón (Madrid). La meteorología era excelente.
De los 17 pasajeros y 8 miembros de la tripulación; sólo un miembro de la tripulación sobrevivió. El avión resultó completamente destruido por el impacto y el posterior incendio.

Durante el descenso, el Comandante se percató que no habían realizado la Lista de Chequeo de Descenso, cuando éste iba a comenzar a realizarla, una llamada por radio le distrajo, terminada la conversación por radio se le olvidó requerir que a continuación se realizara la Lista de Chequeo de Descenso. De esta omisión no se percató el resto de la tripulación.

Al no realizar la Lista de Chequeo de Descenso no se caló el altímetro con 30.17", manteniendo los 29.92". Esto provocó que el avión impactara contra el terreno. La tripulación estaba afectada por la fatiga al haber dormido sólo 8 horas en las últimas 60 horas.

8. La Importancia de la Gestión Adecuada de las Distracciones/Interrupciones PARTE II

En esta segunda parte vamos a ver cuáles pueden ser las líneas de defensa contra las interrupciones y distracciones en cabina.

Como resumen de la Parte I, podemos concluir que los efectos concretos más frecuentes de las interrupciones y distracciones son (fuente: Airbus):

- Incursión en una calle de rodaje o de despegue.
- Incorrecta configuración del avión para el despegue o al aterrizaje.
- Retracción tardía del tren de aterrizaje.
- Retracción prematura o retrasada de los slats/flaps
- Respuesta retrasada a las instrucciones del ATC
- Fallo en la selección del Antihielo del motor cuando es requerido
- Desviaciones de los niveles de vuelo asignados.
- Gestión inadecuada de combustible. (Por ejemplo detección tardía de la asimetría de combustible).
- Descenso por debajo de mínimos.
- Olvido de calar el altímetro.
- Descenso por debajo de la MDA
- Olvido de poner el freno de aparcamiento.

¿Cómo nos podemos defender contra las distracciones e interrupciones?

Para cada tipo de distracciones e interrupciones señalados en la Parte I, la FSF (Flight Safety Foundation) propone las siguientes líneas de defensa:

1. Para las distracciones e interrupciones debidas a las comunicaciones.

- Lo primero que debemos hacer es reconocer que las conversaciones por sí mismas son importantes motivos de distracción para las tripulaciones.

- Debemos aplicar la regla de la cabina estéril (éste será el tema de otro artículo).

- Ponernos los cascos durante las fases críticas del vuelo (por debajo de los 10.000 pies).

- Planificar y realizar los anuncios a los pasajeros en aquellos periodos de vuelo de menor carga de trabajo.

- Mantener las comunicaciones en cabina "brief, clear and concise".

- Interrumpir las conversaciones en cabina cuando nos aproximamos al siguiente "way point", punto de notificación, al siguiente nivel de vuelo, etc.

Es decir, a menos que una conversación sea extremadamente urgente, se debe posponer momentáneamente mientras el avión se acerca a la altitud de transición u otro punto de notificación en ruta. En situaciones de gran carga de trabajo, las conversaciones deben ser escuetas y deben ir directamente al grano. Incluso en fases del vuelo donde la carga de trabajo no sea elevada, la conversación se debe suspender mientras se realizan las preceptivas comprobaciones de los sistemas y de la navegación. Todo esto requiere una elevada disciplina en cabina ya que va en contra del flujo natural de la conversación que, normalmente, es fluida y continua.

2. Para las distracciones debidas a la realización de actividades "con la cabeza mirando dentro de la cabina" (Programación del FMS o estudio de las cartas de navegación).

- Reconocer que las tareas que se realizan con la cabeza mirando dentro de la cabina (head-down tasks) reducen la habilidad de supervisión entre los pilotos y del estado del avión.

- Repartirse las tareas de programación del FMS entre los pilotos dependiendo del nivel de automatización en cada fase del vuelo.

- Planificar la realización de las tareas que lleven más tiempo durante los periodos de menos carga de trabajo.

- Comunicar al otro tripulante que se está realizando una tarea con la cabeza mirando dentro de la cabina "head-down".

Si es posible, planificaremos las tareas que requieren tener la cabeza mirando dentro de la cabina en aquellos momentos en los que la carga de trabajo sea menor. Debemos anunciar siempre que estamos en esa condición de cabeza mirando dentro de la cabina. En algunas ocasiones puede ser conveniente ir a un nivel más bajo de automatización para evitar que un miembro de la tripulación esté excesivo tiempo con la cabeza mirando dentro de la cabina. En otras podemos realizar las entradas en el FMS en aquellas fases de vuelo en las que la carga de trabajo sea menor.

3. Responder a una condición anormal o a una situación no prevista.

- Mantener el piloto automático conectado para reducir la carga de trabajo a menos que se requiera otra cosa.

- Seguir el reparto de tareas entre el PF/PNF durante la aplicación de los procedimientos anormales o de emergencia. (Por ejemplo el PNF mantendrá la conciencia situacional, y supervisará al PF);

- Dar la debida atención a los procedimientos normales, porque manejar una condición anormal puede distraer la atención del flujo de acciones de los SOPs. Las acciones a realizar en los procedimientos normales muchas veces comienzan cuando ocurren ciertos eventos "triggers", en el caso de que se produzcan distracciones, estos eventos pueden pasar inadvertidos y por lo tanto el "trigger", que suele recordar a la tripulación el inicio de un paso o de un procedimiento normal, se pierde.

4. Búsqueda de tráficos:

Expresar de forma clara y sonora. "Yo vuelo, tu miras"

5. Planificar ciertas actividades para minimizar conflictos, especialmente en momentos críticos del vuelo.

Los pilotos pueden reducir la carga de trabajo durante el descenso realizando esas tareas durante el crucero antes de iniciar el descenso, por ejemplo: obtener los datos del ATIS, realizar el "Briefing" de la aproximación instrumental, programarla en el FMS...

Puede ser también adecuado para algunas líneas aéreas, el revisar los procedimientos de vuelo para incluir algunos pasos de los procedimientos en aquellas fases donde la carga de trabajo sea inferior, como por ejemplo: algunos pasos del procedimiento de Antes del Despegue se puedan realizar en el procedimiento de Antes del Arranque.

En definitiva, según Patrick R. Veillette (Bussiness and Commertial Aviation) debemos gestionar correctamente las distracciones. Evitarlas siempre que sea posible. Si la distracción es debida a algo considerado poco importante desde el punto de vista de la operación del avión, de los sistemas o de la propia seguridad de vuelo, la ignoraremos.
Si el motivo de la distracción precisa ser atendida en algún momento del vuelo, debemos hacer un "reminder" para no olvidarnos que debemos hacer esa tarea más adelante en algún otro momento más oportuno.

Si se produce una interrupción durante la realización de una checklist, volveremos al principio y si la interrupción requiere una atención inmediata gestionémosla manteniendo en todo momento el control del avión, su ruta, etc. Finalmente deleguemos cuando nos sea posible.

9. La evacuación de emergencia que nunca se produjo

El 19 de Agosto de 1980 un L-1011 de la compañía Aérea Saudí "Saudi Arabian Airliners" despegaba del aeropuerto de Riyadh (Arabia Saudí) para realizar un vuelo doméstico con destino a Yeddah.

Siete minutos después del despegue, apareció una alarma de humo en el compartimiento de carga trasero. El avión consiguió volver al aeropuerto de Riyadh, pero una vez en tierra, inexplicablemente, la evacuación de emergencia nunca se inició. 301 personas fallecieron y el avión quedó totalmente destruido. Del análisis del informe del accidente se concluye que dos factores importantes jugaron un papel decisivo: uno de carácter humano (del que trata este artículo) y otro de tipo técnico.

El primero de ellos, el fallo en el seguimiento de los procedimientos de emergencia, en la coordinación en cabina y en la toma de decisiones y el segundo, los fallos en el diseño y certificación de los compartimentos de carga de tipo D.

Pasemos a continuación a analizar qué es lo que pasó en este accidente.

Apenas transcurridos 7 minutos del despegue, apareció la alarma de humo en el compartimiento de carga trasero. La tripulación invirtió unos 5 minutos en decidir volver al aeropuerto. Durante este precioso tiempo, la tripulación estuvo buscando en el Manual de Operaciones el procedimiento a aplicar, primero lo buscaron en el Capítulo de Procedimientos Anormales y al no encontrarlo pasaron a los del Capítulo de los de Emergencia donde por fin lo encontraron. El Ingeniero de

Vuelo se desplazó a la cabina de pasaje para ver cuál era la situación allí. Cuando volvió a la cabina informó al Comandante de la existencia de humo y fuego en la cabina de pasaje. Finalmente se decidió regresar al aeropuerto de partida. Se contactó con el aeropuerto informándoles de la situación de fuego en la cabina de carga y que regresaban, pidiendo expresamente que se alertara a los equipos de emergencia.

Una vez en curso de regreso al aeropuerto, comenzó una carrera agonizante contrarreloj. El Comandante incrementó la velocidad y comenzó a descender.

El Ingeniero de Vuelo volvió nuevamente a la cabina de pasaje para comprobar cuál era la situación, informando al Comandante que había humo en la parte trasera de la cabina de pasaje. En este momento faltaban 17 minutos para que el avión parase en la pista una vez que aterrizó.

Un Tripulante de Cabina de Pasajeros (TCP) informó al Comandante de que la situación entre los pasajeros era de pánico. Durante el vuelo de regreso al aeropuerto se repitieron la aparición de avisos de humo en la bodega de carga, de informes al Comandante de la situación de humo por parte de los TCPs y el estado de pánico de los pasajeros así como los avisos por parte de los TCPs a los pasajeros para que permanecieran en sus asientos.

Antes del aterrizaje, los TCPs preguntaron insistentemente al Comandante, si una vez en tierra se realizaría inmediatamente una evacuación de emergencia: En ningún momento el Comandante dio una respuesta coherente (estaba muy ocupado en volar el avión). Al no haber realizado el reparto de tareas entre la tripulación, éste estaba estresado por la situación y no era capaz de valorar la situación en la que se encontraba ni el avión ni el pasaje.

Finalmente, antes de aterrizar, el Comandante respondió que una vez en tierra **NO** se iniciase la evacuación de emergencia.

Cuando el avión aterrizó no se realizó una parada de emergencia en la pista de aterrizaje, sino que siguió rodando hasta la calle de rodadura.

Dos minutos y 14 segundos después del aterrizaje, el L-1011 paró en la calle de rodadura. Los pilotos se comunicaron con la Torre para decir que estaban apagando motores e iniciando la evacuación. Después de detenerse, testigos presenciales observaron fuego a través de las ventanillas del lado izquierdo del avión. También indicaron que no se observaba fuego en ese momento fuera del avión. Tampoco se observó ningún movimiento dentro de la cabina de pilotos ni de pasajeros.

Un minuto y medio después de parar el avión, la Torre comunicó que la cola del avión estaba ardiendo. La contestación fue: "Afirmativo, estamos intentando evacuar ahora". Esta fue la última transmisión recibida del avión.

Tres minutos y quince segundos después de detener el avión, se pararon por fin los motores. En ese momento surgió humo del techo del fuselaje seguido casi inmediatamente por fuego. Un testigo presencial indicó que nada más parados los motores surgió de la panza del avión un humo blanco y negro justo delante de las alas.

Unos 26 minutos después de que el avión se hubiera parado en la pista de rodaje, el equipo de rescate consiguió abrir una puerta de emergencia. 3 minutos después de abierta esta puerta, las llamas comenzaron a avanzar desde la parte trasera del fuselaje hacia la delantera.

El Comandante, al mantener los motores en marcha una vez detenido el avión, impidió que los TCPs tomaran la iniciativa de iniciar la evacuación de emergencia. Además, el Ingeniero de Vuelo desconectó los paquetes de Aire Acondicionado antes de apagar los motores, con lo que se perdió cualquier tipo de ventilación de aire desde el exterior al interior del fuselaje. Nunca se aclaró por qué no se comenzó a abrir las puertas. La presión residual no parece que hubiera sido un factor a la hora de explicar la razón por la que no se abrieron las puertas, una posible explicación pudiera ser que la aglomeración de personas alrededor de las salidas de emergencia lo impidiera o bien que todas las personas a bordo se vieron definitivamente incapacitadas para abrirlas y por lo tanto nunca se pudo iniciar la evacuación. Alrededor de las salidas de emergencia se encontraron amontonados cuerpos de los pasajeros, a la tripulación de vuelo se les encontró sentados en sus puestos.

El Comandante nunca realizó el reparto de las tareas entre la tripulación de vuelo para poder gestionar correctamente la situación de emergencia. Un ejemplo claro es que el Comandante decidió seguir él mismo pilotando el avión durante el vuelo de regreso al aeropuerto en vez de que hubiera sido el Primer Oficial el que volara el avión mientras él se informaba convenientemente de la situación exacta a bordo del avión (Conciencia Situacional). Si hubiera procedido de esta manera, hubiera evaluado correctamente la naturaleza del fuego y previsto qué consecuencias podría tener si ese fuego continuaba progresando. Así que, al no conocer con exactitud la situación de emergencia en la que se encontraba, no se realizó la evacuación de emergencia nada más aterrizar.

El informe del accidente cita también que la tripulación no se colocó las máscaras de oxígeno ni las gafas durante el vuelo de retorno al aeropuerto, ni indicó a los TCPs que se pusieran las máscaras de oxígeno mientras luchaban contra el fuego para poder prevenir la inhalación de humo.

Otro punto importante que se considera en el informe como "Lesson Learned" es que siempre que se confirme la existencia de un fuego en vuelo se debe iniciar tan pronto como sea posible un descenso y un aterrizaje de emergencia.

Como conclusión podemos decir que el Comandante no realizó nunca la preparación de la cabina de pasajeros para que os TCPs iniciaran la evacuación de emergencia nada más que el avión se encontrara parado en la pista de aterrizaje. Asimismo, el Comandante no realizó una parada de emergencia con máxima capacidad de frenada para iniciar lo antes posible la evacuación de emergencia. Hizo todo lo contrario. Una vez que aterrizó siguió rodando hasta la calle de rodadura. Una vez que el avión se detuvo, la tripulación no apagó inmediatamente los motores, esto impidió a los TCPs iniciar la evacuación. Cuando por fin se pararon los motores los ocupantes del avión estaban ya incapacitados para poder abrir las puertas. No se encontró evidencia alguna de que se hubiera tratado de abrirlas.

Este accidente es un claro ejemplo de la importancia de tener una correcta Conciencia Situacional como paso previo para poder realizar una correcta Toma de Decisión.

10. Humo y Toma de Decisión

En el anterior artículo, veíamos el trágico final del vuelo de un L-1011 cuando nada más despegar apareció humo en la cabina de pasajeros. En éste vamos a ver todo lo contrario, vamos a comprobar cómo, con el esfuerzo de todos en aumentar la Seguridad en Vuelo, hemos conseguido que las tripulaciones actúen de manera completamente diferente a la referenciada anteriormente.

En el último número de Callback aparecía el siguiente informe que paso directamente traducir. Es el Comandante de un B-767 el que relata lo sucedido.

Sobrevolábamos el punto ZZZ a FL240, cuando oímos un golpe seco seguido inmediatamente por un apreciable cambio de presión en nuestros oídos. Inmediatamente miré hacia arriba, al panel de instrumentos, para comprobar en los indicadores de presión en cabina si estábamos perdiendo presión. Mi "jumpseat rider" pensó lo mismo que yo y estuvimos estudiando los instrumentos para detectar dónde estaba el problema.

Todo indicaba que no estábamos perdiendo presurización. Nos preguntamos entonces que podría haber sido el ruido y el golpe súbito de presión que habíamos sufrido.

En ese momento apareció en el EICAS el mensaje "BODY DUCT LEAK".

El avión lo volaba el Primer Oficial, yo abrí la QRH. Durante este tiempo el "cabin call chime "estaba sonando, pero no éramos capaces de oír absolutamente nada por el interfono. A los pocos segundos se oyó que alguien llamaba a la puerta de cabina. Mi "jumpseat rider" me pidió permiso para abrirla, permiso que inmediatamente le di. Era un Auxiliar de Cabina de Pasajeros que nos dijo que había mucho humo en la parte trasera de la cabina de pasajeros. Todo indicaba que había fuego.

La tripulación inmediatamente realizó las primeras acciones del procedimiento de emergencia Humo en Cabina.

Miré el HSI y comprobé que nos encontrábamos a unas 30 millas al Suroeste de ZZZ. Informé a la tripulación que nos íbamos a desviar a ZZZ, llamé al ATC, declaré una emergencia de Humo en Cabina, requerí un descenso inmediato y un giro hacia nuestro nuevo destino de emergencia, ZZZ.

El ATC inmediatamente nos dio permiso para dirigirnos a ZZZ, con un descenso a 11.000 pies.

Realizamos rápidamente todos los pasos del procedimiento "Body Duch Leak". Mientras, el Primer Oficial agresivamente dirigió el avión hacia ZZZ y realizó un descenso con todos los spoilers sacados.

Con la información de que disponía hasta ese momento, pensé que lo más seguro era considerar esta emergencia como un fuego en vuelo. Nuestra Compañía Aérea ha hecho mucho hincapié durante los últimos años en los cursos iniciales y recurrentes al entrenamiento, de los escenarios de fuego y humo en vuelo. La comunicación con la cabina de pasajeros durante esta emergencia es esencial.

Con el Primer Oficial volando el avión, yo intenté comunicarme con la tripulación de vuelo de la cabina trasera del avión. La comunicación a través del interfono era imposible por la carga estática. Le pedí a mi "jumpseat" que tratara de comunicarse con la tripulación de cabina a través del interfono del PA y que proporcionara cualquier tipo de información de la situación en la cabina de pasajeros. Yo me concentré mientras tanto en ayudar al Primer Oficial a llevar el avión a tierra.

Recibimos vectores para capturar el ILS. Realizamos todas las listas de chequeo normales. La tripulación realizó todas estas tareas con las máscaras de oxígeno (Full face) puestas. Elegí que el Primer Oficial continuara volando y que aterrizara el avión mientras yo seguía monitorizando la situación en la cabina de pasajeros así como realizar el "briefing" de lo que quería que se hiciese una vez que hubiéramos aterrizado.

Teníamos muy poco tiempo y quería estar seguro que todo el mundo sabía lo que tenía que hacer en cuanto aterrizáramos.

El "jumpseater" me aseguró que los pasajeros habían sido instruidos para permanecer en sus asientos una vez en tierra hasta que recibieran instrucciones de los tripulantes.

Lo que íbamos a hacer era que el "jumpseater" en cuanto el avión se detuviera en tierra, tenía que ir a la cabina de pasajeros y ver cual era la situación allí, vamos debería ser mis oídos y mis ojos, ya que no disponíamos de intercomunicación con la cabina de pasajeros.

El aterrizaje del Primer Oficial fue excelente. Una vez que nos detuvimos en la pista de aterrizaje el "jumpseater" me informó de la situación en la cabina de pasajeros y con esa información decidí que no era necesario realizar una evacuación de emergencia.

Los bomberos inspeccionaron el avión y no vieron señales de humo, de fuego o daño alguno, entonces abandonamos la pista de despegue.

Claramente el comportamiento de la tripulación en la gestión de esta emergencia es radicalmente diferente a la del accidente del L-1011.

Hemos visto cómo se han aplicado los principios básicos del CRM. Se realizó un reparto de tareas impecable, se dirigieron inmediatamente al aeropuerto cercano, se aseguró la comunicación entre la tripulación y los pasajeros, se siguieron los procedimientos de emergencia del avión y de la Compañía Aérea. Se mantuvo en todo momento la Conciencia Situacional y con ella vino de forma natural una correcta Toma de Decisiones.

En este informe, el Comandante nombra de forma explícita el hincapié que su Compañía Aérea ha hecho durante estos años al entrenamiento en este tipo de emergencias.

11. Las consecuencias imprevisibles de desviarse de los Standard Operating Procedures (SOP)

El 22 de marzo de 1992 a las 21:35, un Fokker 28 de la compañía aérea USAir se estrelló cuando despegaba de la pista 13 del aeropuerto de La Guardia (Nueva York). Nevaba intensamente. De los 47 pasajeros y 4 miembros de la tripulación; 25 pasajeros, el Comandante y un tripulante de cabina de pasajeros resultaron muertos. El avión entró en pérdida nada más despegar y giró hacia su izquierda hundiéndose en la bahía que rodea el aeropuerto, resultando completamente destruido por el impacto y el posterior incendio.

La NTSB determinó que la causa probable del accidente fue el fallo de la Industria de Transporte Aéreo y de la FAA al no proporcionar a las tripulaciones de vuelo procedimientos y criterios para ser aplicados cuando el retraso al despegue, una vez aplicados los perceptivos medios de deshielo y antihielo, es tal que nuevamente se acumula hielo en el avión. El hielo acumulado en las alas provocó que el avión entrara en pérdida aerodinámica nada más irse al aire y posteriormente se perdiera el control del mismo.

Contribuyó al accidente la prematura rotación del avión, por parte de los pilotos, que se realizó a una velocidad (Vr) inferior a la prescrita en el Manual de Vuelo.

Es este último factor, que contribuyó al accidente, el que vamos a estudiar.

Nevaba intensamente en el aeropuerto de La Guardia, la tripulación había realizado todos los procedimientos de Deshielo y Antihielo prescritos por la Compañía Aérea, el retraso al despegue se prolongó permitiendo que nuevamente se formara hielo en el avión, mientras rodaba hacia la pista de despegue, el Comandante decidió seleccionar una V1 inferior a la establecida en el Manual de Vuelo. Esto permitiría, en caso de tener que abortar el despegue, tener disponible una longitud de pista mayor para detener el avión, ya que la pista estaba contaminada por la nieve caída.

En el Fokker 28, como en otros aviones, coincide la V1 y la Vr en gran parte de su operación normal. En este caso el Comandante disminuyó la V1, que pasó de 124 nudos a 110 nudos, y mantuvo la Vr en 124 nudos. Por lo tanto para el despegue la V1 era de 110 nudos y la Vr era de 124 nudos.

El procedimiento de despegue con una selección de la V1 reducida no era un procedimiento aprobado por USAir, otras compañías aéreas sí lo aplicaban cuando despegaban en pistas contaminadas.

La tripulación, que durante todas las fases previas al despegue, estuvo muy preocupada en aplicar correctamente los procedimientos relacionados con la aplicación de los medios de antihielo y deshielo, no discutió cómo se iba a modificar el procedimiento de despegue en cuanto que, una vez alcanzada la V1, el avión debería seguir acelerando hasta alcanzar la Vr antes de irse al aire.

La rutina en la aplicación del procedimiento de despegue, se modificó al reducir y diferenciar la V1 con relación a la Vr. La tripulación no estaba entrenada para aplicar este procedimiento modificado. Además el Comandante no realizó un briefing explicando al Primer Oficial lo que suponía este cambio y cómo se desarrollaría el despegue. El Comandante no incidió que la rotación se haría a 124 nudos.

Lo que ocurrió fue lo siguiente, durante la carrera de despegue, cuando el avión alcanzó 110 nudos (V1) el Primer Oficial avisó al piloto de la V1 e inmediatamente después avisó de la Vr, a pesar de que ésta no se había alcanzado.

El avión rotó a una velocidad claramente inferior a la Vr, se fue al aire, entró en pérdida y posteriormente perdió el control alabeando a su izquierda. Si el avión no hubiera tenido hielo formado en las alas, probablemente el despegue hubiera sido exitoso.

El Comandante falló al valorar los factores de riesgo asociados al desviarse de los SOP aprobados, especialmente cuando se modifican sobre la marcha, durante una operación en condiciones críticas y sin haber realizado un correcto briefing, que hubiera asegurado que todos los tripulantes (en este caso el Primer Oficial) habían entendido y asimilado la desviación con relación a los SOP.

En la Vista Pública del accidente, el Primer Oficial declaró, que como normalmente la V1 y la Vr coinciden, él inadvertidamente siguió el procedimiento habitual de anunciar la Vr inmediatamente después de anunciada la V1.

El Primer Oficial tenía muy poca experiencia, sólo 29 horas en el F-28, se estaba acostumbrando a los procedimientos de la Compañía Aérea, a los propios del avión y por lo tanto era más difícil para él darse cuenta del error cometido que para un Primer Oficial experimentado.

Declaró asimismo que no conocía la razón por la que el Comandante eligió una V1 de 110 nudos. El Primer Oficial mostró falta de asertividad, al no entablar ningún tipo de discusión con el Comandante sobre la conveniencia de modificar la V1, separándose así de los SOP.

Los SOP están universalmente reconocidos como elementos básicos para las operaciones seguras del transporte aéreo, según recoge la AC- 120-71 "Standard Operating Procedures for Flight Deck Crewmembers". La coordinación efectiva de la tripulación y sus actuaciones se consigue si la tripulación comparte el mismo "modelo mental" de la tarea a realizar, este "modelo mental" se fundamenta en lo establecido en los SOP.

Cuando nos desviamos de los SOP definidos y aprobados disminuimos los márgenes de seguridad de la operación.

En el documento "Human Performance Considerations in the Use and Design of Aircraft Checklist", publicado por la FAA, se definen los SOP como "La secuencia lógica de acciones y/o decisiones en una secuencia fija definida por un operador para alcanzar un objetivo especificado".

Los pilotos que han desarrollado una estricta disciplina en cabina, trabajan en equipo y hacen un auténtico esfuerzo por cumplir con los SOP, raramente se ven sorprendidos por sucesos que no estuvieran previamente considerados.

Los SOP son el seguro de vida de los pilotos, que en momentos de fatiga o estrés permiten que la tripulación se centre en aquellas tareas especificadas en los SOP. Estos procedimientos son los que al piloto le van a ayudar a salir airoso de las diferentes situaciones en las que se pueda encontrar.

Los SOP son el resultado de la experiencia, la investigación, la recolección de las lecciones aprendidas de accidentes e incidentes. Su cumplimiento nos garantiza que esos accidentes no se volverán a repetir. Los SOP han sido sobradamente probados antes de ser publicados.

Esto no quiere decir que los procedimientos sean perfectos, en algunos casos se pueden mejorar y en cuyo caso precisan ser revisados para incluir en ellos condicionamientos operacionales que no se habían tenido en cuenta cuando se diseñaron.

Es por ello que las tripulaciones deben estar concienciadas que siempre que encuentren puntos mejorables, se deben proponer modificaciones a los SOP, para que se realicen los estudios oportunos, y si procede, el procedimiento sea revisado.

Lo que debe quedar siempre claro para las tripulaciones, es que hasta que un procedimiento no esté aprobado y publicado, no se debe aplicar. A veces existen factores que se pueden escapar cuando se modifica un procedimiento sin los perceptivos estudios previos, como en el caso que hemos visto. El diseño y modificación de los SOP se realiza mediante un procedimiento sistemático en el que en algunos casos se implica al fabricante del avión. El fabricante estudia las modificaciones consultando con los ingenieros especialista de sistemas, de ensayos en vuelo, de cálculo de actuaciones, del departamento de factores humanos, de seguridad y por supuesto a los pilotos de ensayos. De esta forma el sistema aeronáutico se asegura que no se deja ningún factor por estudiar. Por último antes de publicar un SOP éste debe ser aprobado por la Autoridad de Certificación o de Operación.

Los SOP permiten la estandarización de las tareas a realizar por todos los pilotos de la Compañía Aérea y su seguimiento garantiza la operación segura del avión. Cuando se produce una desviación de los SOP aprobados, podemos encontrarnos con consecuencias imprevisibles como las que acontecieron en el accidente estudiado.

12. La Fatiga persiste como un riesgo en la Seguridad en Vuelo

El 18 de febrero de 2007 a las 15:06, un ERJ-170 de la compañía aérea Shuttle America cuando aterrizaba en la pista 28 del aeropuerto Cleveland-Hopkins, Cleveland, (Ohio) se salió de pista al final de la misma, chocando con la antena del ILS y con la valla del perímetro exterior del aeropuerto. En ese momento nevaba entre moderada e intensamente. El tren de aterrizaje de morro se colapsó.

De los 71 pasajeros y 4 miembros de la tripulación, 3 pasajeros resultaron heridos leves. El avión resultó con daños importantes.

La NTSB ha determinado que la causa probable del accidente se debió a que durante el aterrizaje la tripulación no inició la aproximación frustrada y continuó el descenso cuando se perdió el contacto visual con la pista.

En el informe del accidente la NTSB asegura que la fatiga del Comandante (PNF) contribuyó al accidente, al no realizar correctamente la planificación del aterrizaje así como la supervisión sobre el Primer Oficial que actuaba como PF.

Contribuyó así mismo al accidente la incorrecta maniobra de aterrizaje que ejecutó el Primer Oficial, al realizar una toma excesivamente larga (a unos 2900 pies de la cabecera de pista), en una pista corta (6017 pies) y contaminada por la nieve caída. El Primer Oficial realizó también un incorrecto uso de la reversa y una incorrecta aplicación de la técnica de máxima frenada.

A pesar de que la senda de descenso (GS) del ILS estaba inoperativa, la tripulación decidió descender hasta la DH (227 feet) altitud de decisión de la aproximación publicada ILS, en vez de hacerlo hasta la MDH (429 feet) de la aproximación publicada LOC cuando la senda está inoperativa (GS out).

Finalmente se incluye también como factor que contribuyó al accidente la falta por parte de la Compañía Aérea de una clara política que permita a los tripulantes de vuelo declarar que están fatigados sin miedo a posibles represalias.

Aquí queremos hacer énfasis en el factor de la fatiga y cómo influyó en el accidente.

1.   El Comandante al no informar a su Compañía Aérea de la situación de fatiga en la que se encontraba se expuso a sí mismo, a su tripulación y a sus pasajeros a una situación peligrosa que podría haberse evitado, asegura la NTSB. En el momento del accidente el Comandante llevaba despierto unas 30 horas.

2.   La tripulación de vuelo estaba debidamente avisada que la senda de descenso del sistema ILS estaba inoperativa y por lo tanto deberían haber hecho correctamente la planificación del aterrizaje tomando la MDH y no la DH. La fatiga del Comandante pudo contribuir a que la preparación del aterrizaje no se realizara correctamente.

3.   En un momento de la aproximación el Comandante requirió al Primer Oficial que iniciara la aproximación frustrada ya que no veía la pista, el Primer Oficial debería inmediatamente haber realizado esta maniobra independientemente de que viera o no la pista. Cuando el Primer Oficial no ejecutó el aviso que le dio el Comandante, éste debería volver a indicarle que iniciara la maniobra de frustrada y si fuera necesario tomar él mismo el control del avión (tal y como detalla la NTSB en su informe). El

Comandante no hizo nada de esto, muy probablemente a causa de la fatiga, ya que uno de sus síntomas es el de la apatía.

La NTSB declara en su informe, que la política de la Compañía Aérea en cuanto al tratamiento de la fatiga de las tripulaciones tenía una eficacia limitada porque los detalles específicos de la política no estaban documentados por escrito y por lo tanto no se comunicaron claramente a los pilotos las consecuencias que les podían acarrear declarar que tenían fatiga.

Un método efectivo para contrarrestar el riesgo que supone la fatiga en las operaciones aéreas consiste en que la Compañía Aérea acepte que cuando un tripulante declare que está fatigado no tenga miedo a las posibles represalias que esta declaración podría acarrearle, añade la NTSB en su informe.

Como una de las recomendaciones de seguridad, la NTSB establece en este informe, que se desarrolle una política específica y estandarizada para todas las Compañías Aéreas, que permita a las tripulaciones de vuelo no aceptar un vuelo o relevarse ellos mismos de actividad si se sienten incapacitados por falta de sueño, en esta política se debe declarar por escrito todos los detalles necesarios para que las tripulaciones puedan conocer las implicaciones administrativas que conlleva el declararse incapacitado para operar un vuelo debido a fatiga.

Este accidente nos demuestra que, a pesar del hincapié que se hace en el entrenamiento de CRM sobre la fatiga, ésta sigue siendo un factor importante de riesgo en las operaciones aéreas y según las recomendaciones de la NTSB las Compañías Aéreas deberían incorporar mejoras en su cultura corporativa en cuanto al modo de gestionar la fatiga de las tripulaciones.

13. Conciencia Situacional

El 23 de Agosto de 2000, 19:30 hora local, un A-320 de Gulf Air se estrelló en el Golfo de Arabia a unas 3 NM del aeropuerto de Bahrain, mientras realizaba una maniobra de "Go Around" en condiciones meteorológicas Visuales Nocturnas. Los dos pilotos, seis tripulantes de Cabina de Pasajeros y 135 pasajeros perecieron en el accidente.

La Bahrain Accident Investigation Board (AIB) investigó el accidente concluyendo que los siguientes factores contribuyeron al accidente:

- La falta de seguimiento de los Procedimientos de Vuelo (SOP) por parte del Comandante.
- El fallo del Primer Oficial por no llamar la atención del Comandante por separarse de los parámetros estándares de Vuelo y del perfil del vuelo.
- La falta de orientación espacial que experimentó la tripulación.
- La respuesta ineficaz de la tripulación a los avisos dados por el GPWS.

El informe también indica que los anteriores factores se pudieron producir debido a que en ese momento la aerolínea no tenía un programa de entrenamiento en CRM.

El accidente se produjo de la siguiente forma:

A las 19:21 el avión se encontraba a unos 14000 pies descendiendo y a una distancia de 30 NM del aeropuerto de Bahrain.

A las 19:25 el avión se encontraba a 2.7 NM del Final Approach Fix (FAF), la velocidad en ese momento era de 272 nudos. La velocidad era excesiva.

El informe indica que según los SOP de la Compañía antes de llegar al FAF el avión de estar alineado con el curso final de aproximación y a la altitud de vuelo publicada, en este caso 1500 pies, y configurado para la aproximación, con el tren de aterrizaje abajo, los flaps completamente extendidos y con la velocidad de aproximación seleccionada (que en este caso era de 136 nudos).

A pesar de que al sobrevolar el FAF el avión se encontraba en el curso de la aproximación final, el resto de parámetros estaban lejos de su valor nominal. La velocidad era de 223 nudos, en vez de 136 nudos, la posición de flaps era de "1" en vez de "FULL" y la altitud era de 1662 pies y no de 1500 pies.

Una de las razones por las que el avión no estaba correctamente configurado, era la elevada velocidad a la que volaba. La desviación permitida era en velocidad 10 nudos y en altitud 100 pies.

Por fin el Comandante admitió que la aproximación no estaba estabilizada y que era preciso realizar un "Go Around". El Comandante le dijo al Primer Oficial que pidiera permiso para realizar "un 360 a izquierdas". El controlador aprobó la petición.

El Informe del accidente indica que el Comandante aparentemente decidió realizar el giro con la intención de reducir altitud y velocidad.

El Comandante decidió realizar esta maniobra no segura, sin haberlo discutido previamente con el Primer Oficial y sin ninguna necesidad operacional.

Cuando el Comandante inició la maniobra, el avión se encontraba a 0.9 NM y a 584 pies AGL, la velocidad era de 177 nudos, la configuración de flaps se fue modificando progresivamente mientras se realizaba la maniobra de "2" a "3" y finalmente a "FULL".

El informe del accidente dice que la selección de "FULL" flaps durante el giro era inapropiada.

La configuración de flaps en "FULL" se debe utilizar únicamente para las fases finales del vuelo: aproximación y aterrizaje. Normalmente se selecciona cuando el aterrizaje está asegurado. Debido a la resistencia que se genera cuando se vuela en esta configuración, la selección de flaps en "FULL" no es una selección para realizar maniobras como era el caso.

Mientras se realizaba el viraje, el Comandante pidió que se realizara la lista de Chequeo de aterrizaje. El Primer Oficial así lo hizo.

Los datos del FDR indicaron que mientras se realizaba el viraje, el avión descendió de 965 pies a 332 pies y que el máximo ángulo de alabeo que se alcanzó fue de 36 grados.

El informe señala que el Comandante utilizó referencias visuales externas, en vez de guiarse por la información presentada en los instrumentos de abordo para el control del alabeo y del cabeceo. La velocidad de giro estándar en este tipo de maniobras es de 3 grados por segundo, en el avión accidentado fue de 4 grados por segundo.

Los procedimientos operacionales SOP, requieren que el piloto que no vuela, debe ir dado los apropiados avisos con relación a los parámetros de vuelo. Sin embargo, a pesar de las desviaciones en altitud, actitud y ángulo de alabeo, el Primer Oficial no dio ningún aviso.

El Controlador indicó a los investigadores que el giro le pareció muy cerrado, indicó asimismo que nunca había visto un tipo de aproximación como la que se estaba realizando en ese momento. Dijo también que había visto otros virajes de 360 grados, pero nunca tan cerrados, ni tan cerca de la cabecera de pista.

Finalmente el Comandante indicó que se habían "Overchutado" y metió motor, comunicando al Controlador que iban a realizar un "Go around".

El procedimiento para realizar un " Go Around" indica que el avión se debe encabritar a 15 grados. El FDR indicó que el avión se encabritó inicialmente a 9 grados y posteriormente disminuyó a 5 grados.

El Controlador preguntó si querían vectores para posicionar el avión en el curso de la aproximación final. La tripulación aceptó.

Mientras, se seleccionó flaps a la posición de "3" y se subió el tren de aterrizaje.

El Comandante voló el avión siguiendo una subida suave, posicionándolo a 1054 pies AGL. Cuando el avión cruzó el umbral de pista ya con las alas niveladas comenzó a sonar el aviso de sobrevelocidad de Flaps, volaban a 191 nudos y el límite de velocidad era de 185 nudos para la oposición de flaps "3".

En este momento el avión se dirigía hacia el Golfo, no había luna, ni ninguna luz visible en el horizonte. Por lo que el horizonte no podía distinguirse entre el cielo y el mar.

Durante esta fase de vuelo la actitud en "pitch" pasó de 5 grados positivos de encabritado a 15.5 negativos de picado. La velocidad se incrementó desde 193 nudos a 234 nudos.

El informe indica que cuando se aplicó un movimiento hacia adelante en el "sidestick" era porque el Comandante estaba percibiendo una sensación falsa de que le avión estaba encabritando cuando en realidad estaba picando. A pesar de que los instrumentos de abordo estaban presentando indicaciones correctas, el Comandante no las siguió.

El avión se encontraba a unos 1000 pies, picando a una velocidad de 221 nudos. En ese momento el GPWS sonó "Sink Rate". Poco después sonó el aviso de "Whoop, Whoop, Pull up", el Comandante entonces aplicó un movimiento del "Sidestick" hacia atrás pero sólo la mitad del recorrido disponible. Es decir el Comandante inició la maniobra evasiva pero no lo suficientemente agresiva, tal y como le obligaba a realizar los procedimientos de la compañía aérea. El Primer Oficial no realizó ninguna acción.

Según los SOP si el Comandante no reacciona convenientemente a un aviso del GPWS, el Primer Oficial debe asumir que el Comandante está incapacitado y debe él hacerse con el control del avión, cosa que no hizo.

En este accidente parece evidente que ni el Comandante, ni el Primer Oficial tenían la suficiente Conciencia Situacional de la "situación" en la que se encontraban, de la actitud del avión y de la proximidad al terreno.

La tripulación intentó subir completamente los flaps. En el momento del impacto el avión volaba a 282 nudos y en una actitud de picado de 6 grados. La potencia del motor estaba seleccionada en TOGA.

Del análisis de este accidente podemos sacar las siguientes conclusiones todas muy relacionadas con el CRM.

El informe indica que el Comandante experimentó una alta carga de trabajo, un alto nivel de estrés y una sobrecarga de información cuando estaba realizando la maniobra no planificada a baja altitud, sin referencias visuales exteriores y con una configuración de avión con elevada resistencia. La sobrecarga de trabajo del Comandante se incrementó aún más al tener que responder también a un aviso de sobrevelocidad de flaps.

El informe añade además, que no se aplicaron los principios de CRM, el Comandante voló el avión en esta fase como si se tratara de una operación con un solo piloto, y el Primer Oficial se comportó de una forma no asertiva.

El Comandante no utilizó al Primer Oficial como un Recurso en cabina. El Primer Oficial realizó únicamente procedimientos rutinarios y no realizó ninguna contribución efectiva durante la fase crítica del vuelo que llevó al accidente. El Primer Oficial permaneció en silencio ante todas las decisiones que fue tomando el Comandante incluso en aquellas que suponían una clara violación de los SOP.

En el momento del accidente, Gulf Air estaba desarrollando el programa de entrenamiento en CRM para sus tripulaciones. El departamento de Seguridad en Vuelo estaba compuesto únicamente por una persona, y esta persona no dependía directamente del más elevado Nivel Ejecutivo. Según el Informe de vuelo, estos dos factores ponen de manifiesto los problemas organizativos que en cuanto a Seguridad en Vuelo tenía por aquel entonces esta Compañía.

La conciencia Situacional se consigue después de haber realizado tres procesos:

1.   La Percepción de los elementos de una situación dada en espacio y tiempo seguida de...

2.   La Comprensión de los mismos, y finalmente...

3.   La Proyección de cuál será el estado de estos elementos en el futuro inmediato.

Evidentemente en este accidente no se realizaron: En cuanto a la percepción espacial los pilotos no la tuvieron con lo que no fueron capaces de comprender lo que estaba pasando y no pudieron prever cómo se iban a modificar en el futuro. Incluso con los avisos del GPWS no fueron capaces de comprender por qué sonaron, esto les llevó a no tomar la acción correctora más apropiada.

En los cursos de CRM se explica cómo la atención a ciertos parámetros del vuelo está influenciada por varios factores, uno de ellos muy importante, tal y cómo dice el Informe del accidente es el del estrés. El Comandante estaba estresado, esto le impidió darse cuenta de la situación espacial del avión, no tomando referencias a los instrumentos de abordo, manteniendo las exteriores, esto le llevó a percibir erróneamente cuál era la actitud del avión.

14. Overrun

(Salida de Pista)

El 1 de Noviembre de 2008 un B-737 de Air Europa se salió de pista al aterrizar en el aeropuerto de Lanzarote (Fuente: EFE).. Los 74 pasajeros que viajaban en el avión y los 6 tripulantes resultaron ilesos. El avión se detuvo en un extremo asfaltado del final de la pista de aterrizaje, las causas concretas las conoceremos cuando se publique el informe oficial.

La salida de pista se suele producir durante las fases de aterrizaje y de despegue, en el caso de este último después de abortarlo.

Algunos de los más recientes accidentes/incidentes que se han producido aterrizando son los siguientes:

A-320, TACA, 30/5/2008, Tegucigalpa, Honduras.
Do-328, Cirrus Airlines 19/3/2008, Berlin.
A-340-642 Iberia, 9/11/2007, Quito.
A-320, TAM Airlines, 17/7/2007, Sao Paulo.
A-340, Air France, 2/8/2005, Toronto.

Y despegando:

B-747-209BSF, Kalitta Air, 7/7/2008, Bogotá.
B-747-209F, Kalitta Air, 25/5/2008, Bruselas.

Repasemos algunas salidas de pista:

El 14 de agosto de 2005 a las 16:51, un Embrear EMB-145 EP, cuando aterrizaba en la pista 27L del aeropuerto de Hanover, se salió de pista al final de la misma. En ese momento llovía intensamente.

De los 45 pasajeros y 4 miembros de la tripulación que se encontraban a bordo, sólo un tripulante de cabina de pasajeros resultó herido leve. El avión no sufrió daños de importancia.

La BFU determinó que la causa probable del accidente se debió a que la tripulación decidió aterrizar en una pista demasiado corta y sin tener información sobre las condiciones reales de la pista en ese momento. Realizaron una toma excesivamente larga causada por una conciencia situacional inadecuada, un ligero viento en cola y una velocidad de aterrizaje por encima de lo prescrito.

El 18 de Diciembre de 2000 un Antonov 124-100, aterrizaba en la pista 25 del aeropuerto Windsor (Ontario, Canadá), las condiciones meteorológicas no eran buenas, nevaba abundantemente, existía en ese momento un viento en cola de 4 nudos. El avión cruzó el umbral de pista a unos 20 pies por encima de la altura especificada y 6 nudos por encima de la velocidad requerida. Con todo esto, el avión tocó pista bastante más lejos del punto de contacto a 3400 ft de la cabecera de pista. La pista se encontraba cubierta de nieve en polvo que provocó que la distancia de aterrizaje se alargara, al reducir significativamente la fricción entre los neumáticos y la pista. Finalmente el avión se salió de pista y recorrió unos 340 pies fuera de pista antes de parar. No hubo que lamentar heridos ni se causaron daños importantes al avión.

¿Por qué los aviones se salen de pista?

Para contestar a esta pregunta debemos primero analizar cómo se realiza correctamente un aterrizaje.

En pocas palabras, y en términos generales, un aterrizaje se realiza así (Fuente: NRL):

Debe comenzar con una aproximación estabilizada en velocidad, en trimado y en senda de descenso; si la aproximación se realiza correctamente, el avión debe quedar posicionado para que haga contacto con la pista en la zona de toma de contacto.

Cuando el avión cruza la cabecera de pista, debe hacerlo a la altura, velocidad y senda de descenso correctas, la aproximación termina con una recogida (flare) suave en la que el piloto no tendrá que realizar movimientos agresivos en cabeceo, el contacto con la pista debe ser firme evitando flotar; inmediatamente después de que el tren principal toque la pista firmemente, los spoilers (si están disponibles se desplegarán, manualmente o automáticamente), se aplican los frenos (manualmente o automáticamente), se seleccionará la reversa (si está disponible) y se bajará el morro hasta hacer que el tren haga contacto con la pista. Todas estas acciones se deben realizar sin ningún tipo de retraso y siguiendo los SOP (Standards Operating Procedures).

Pero no todos los aterrizajes se realizan exactamente como hemos relatado, pueden existir desviaciones en cada una de las acciones y parámetros que hemos visto. Esto pasa frecuentemente en muchos aterrizajes sin que nada ocurra. Sin embargo cuando se producen desviaciones significativas en una o varias de las acciones y parámetros que hemos visto, entonces puede resultar más difícil detener el avión en la pista disponible.

Estas desviaciones en la técnica de aterrizaje se deben considerar a la hora de calcular la distancia de aterrizaje. ¿Qué Piloto puede asegurar que en todos los aterrizajes que durante su vida profesional va a realizar, los va a ejecutar sin ningún tipo de desviación? Como sabemos que esto no se puede asegurar, debemos añadir un margen suficiente a la distancia de aterrizaje que aparece en el Manual de Vuelo, para cubrir las posibles desviaciones en la técnica de aterrizaje que pueden tener los pilotos al realizarlas.

Es por todo esto, por lo que a la distancia de aterrizaje que aparece en los Manuales de Vuelo se le denomina distancia no factorizada. Para considerar las posibles desviaciones en la técnica de aterrizaje que pueden tener los pilotos al ejecutarla la maniobra de aterrizaje, esta distancia se divide por un factor operacional de 0.6, obteniéndose así la distancia factorizada, (FAR 121.195(b)). En algunos Manuales de Vuelo se incluye también estas distancias factorizadas.

Las actuaciones certificadas que el fabricante presenta en los Manuales de Vuelo han sido calculadas y comprobadas durante los preceptivos ensayos en vuelo en las condiciones especificadas por las normas (FAR, JAA), que establecen las acciones que los pilotos deben realizar, con sus tiempos entre cada una de ellas. Estas acciones (procedimientos) son las que se presentan en los Manuales de Vuelo. Los pasos de los procedimientos certificados se realizan sin que haya entre ellos retrasos significativos.

Numerosos estudios se han realizado para ver cómo las desviaciones en los diferentes parámetros o retrasos en las acciones influyen en la probabilidad de sufrir una salida de pista. (Fuente: NLR).

Si el aterrizaje se realiza de forma que el punto de contacto con la pista esta significativamente desviado de su punto nominal, la probabilidad de producirse una salida de pista es del orden del 50% más grande que cuando la toma de contacto se realiza en el punto nominal.

Las condiciones en las que se encuentra la pista es otro factor importante: los estudios realizados muestran que el riesgo de sufrir una salida de pista se incrementa en un 10 % cuando la pista está mojada y cuando está cubierta de nieve o hielo el riesgo de sufrir una salida de pista sube hasta el 14 %.

La toma de contacto con la pista se debe realizar en cuanto se ha terminado la recogida (flare), no se debe permitir que el avión flote. Se ha demostrado que la distancia que el avión consume de pista mientras flota es significativa. Cuando llegamos a la recogida con una velocidad excesiva es más efectivo deshacernos de esa velocidad con el avión en contacto con la pista y emplear los medios disponibles de frenado en vez eliminar esa velocidad excesiva flotando sobre la pista.

Después de los estudios que se han realizado sobre este tipo de accidentes se ha concluido que un gran número de ellos se ha producido por el retraso en la activación de los medios de frenado o de su no aplicación. En muchos de esos casos la salida de pista se podría haber evitado si se hubieran empleado correctamente los medios de frenado. No armar los spoilers ha sido la causa fundamental en muchos accidentes. En estos casos los pilotos no se percataron que los spoliers no se habían desplegado al hacer contacto con la pista el tren principal. También es un factor importante la no aplicación de la reversa, en algunos casos se seleccionó inicialmente la reversa pero posteriormente se deseleccionó.

Otro elemento importante a considerar es tener muy claro cuando debemos realizar una frustrada (Go-Around), muchos accidentes se podrían haber evitado si se hubiera realizado esta maniobra en cuanto se detecta que alguno de los parámetros que nos definen la aproximación estabilizada no está en su valor correcto.

15. Aterrizar sin Tren

Probablemente el Comandante del DC-9-32 (N10556) de Continental Airlines no se podía creer que acababa de aterrizar sin sacar el tren de aterrizaje, mientras se deslizaba unos 2.100 metros a lo largo de la pista 27 del Aeropuerto de Houston (Texas) el 19 de Febrero de 1996.

No hubo heridos de consideración entre los 82 pasajeros y 5 miembros de la tripulación de vuelo. El avión recibió daños importantes y nunca fue reparado.

¿Cómo puede ser posible que un avión como el DC-9-32, con un número grande de sistemas que avisan a los pilotos que el tren no está extendido, se pueda aterrizar sin tren?

Como siempre ocurre en los accidentes, no es sólo una causa, sino una cadena de ellas las que conducen al accidente.

Lo que sucedió en este vuelo fue lo siguiente:

El vuelo número 1943 despegó del aeropuerto de Washington con destino a Houston el 19 de Febrero de 1996, las condiciones meteorológicas a la llegada a Houston eran las de Vuelo Visual, es decir eran condiciones meteorológicas buenas. Una vez terminada la fase de crucero, el DC-9-32 comenzó la maniobra de descenso, a 19.000 pies se realizó la lista de Chequeo denominada "In-range Check list". En esta fase de vuelo el avión se comienza a configurar para la aproximación y posterior aterrizaje.

De acuerdo con esta lista, la tripulación debe realizar siete acciones, una de ellas la que nos interesa, es la de configurar el sistema hidráulico para las siguientes fases de vuelo. La tripulación cuando llegó a este punto se lo saltó, pasando a realizar el resto de pasos.

Al haberse saltado este punto, el sistema hidráulico siguió funcionando como en la fase de crucero, es decir, con baja presión. Cuando el sistema hidráulico funciona con baja presión, la potencia hidráulica no es suficiente para extender los flaps, ni bajar el tren de aterrizaje.

Si a pesar de haberse saltado esta acción, el resto de procedimientos se hubieran realizado correctamente, este error podría haberse detectado y corregido, pero no fue así.

Ya en aproximación, la tripulación realizó la Lista de Chequeo de Aproximación. Entre los pasos requeridos está el de extender los slats y los flaps. El Primer Oficial, que volaba el avión, pidió al Comandante que sacara los slats y que seleccionara los flaps en la posición de 5. Al no estar funcionando el sistema hidráulico en el modo de alta presión, los slats se extendieron, pero no así los flaps, que permanecieron retraídos a pesar de estar la palanca de flaps en la posición de 5 grados.

A continuación, el Comandante comenzó a hablar de lo que iba a hacer por la tarde y que no podía jugar al tenis, a pesar del tiempo libre que tenía. Esta conversación sobre temas no operacionales va en contra de los Procedimientos Operacionales que indican que por debajo de 10.000 pies todas las conversaciones en cabina deben estar relacionadas con temas operacionales, es lo que se denomina "Cabina Estéril". El Comandante mostró falta de Disciplina en Cabina, lo que le llevó a no estar suficientemente atento de lo que estaba ocurriendo en la fase final del vuelo.

La aproximación continuó sin los flaps extendidos. Cuando cruzaron la Baliza Exterior (Outer Marker), el Primer Oficial pidió que los flaps se sacaran a la posición de 15 grados. En este momento es cuando el Primer Oficial se dio cuenta que los flaps no se habían extendido y así se lo indicó al Comandante, señalando el indicador de posición de flaps que marcaba cero. El Comandante respondió indicándole al Primer Oficial que la posición de la palanca de flaps estaba en 15 grados. Es decir, el Comandante no chequeó por qué estando la palanca de flaps en 15 grados el indicador marcaba cero. Esta hubiera sido una indicación importante para haberse dado cuenta que los flaps no estaban extendidos e investigar la razón, que no era otra que el sistema hidráulico funcionaba en baja presión. ¿Por qué un Comandante experimentado y competente no lo hizo? El informe del accidente dice que después de la investigación no se pudo determinar la razón por la que no lo hizo.

Al poco tiempo sonaron en cabina tres sonidos intermitentes del aviso del tren de aterrizaje. Este aviso indica que el tren no se ha extendido. El Comandante rápidamente retrasó las palancas de gases de los motores e inmediatamente después las volvió a adelantar, para que dejara de sonar el aviso.

A continuación el Primer Oficial pidió que se bajara el tren de aterrizaje. Segundos después, en la grabación del CVR se oyó el ruido de la palanca del tren cuando se situó en la posición de tren abajo.

El Primer Oficial pidió se realizara la Checklist de Aterrizaje y que se bajaran los flaps a 25 grados. El Comandante nunca comenzó a realizar la Lista de Chequeo de aterrizaje.

Al estar los flaps retraídos el avión no deceleró durante la aproximación, volando a una velocidad de unos 200 nudos.

Volando tan deprisa, la tripulación no tuvo tiempo suficiente de investigar la razón por la que los flaps no estaban extendidos. Al volar a esta velocidad tan grande la aproximación claramente no estaba estabilizada y la tripulación de acuerdo con los procedimientos operacionales de la Compañía Aérea debería haber realizado un Go around.

Al no realizar la Check list de aterrizaje ningún piloto se aseguró que el tren estaba abajo y blocado. ¿Cómo puede ser que la tripulación no se percatara que el tren no se había bajado? Cuando se baja el tren, se tienen los siguientes indicios que indican que el tren está abajo:

- Aumento de ruido en cabina, producido por las compuertas del tren y el propio tren cuando se extiende contra la corriente de aire.

- Diversas luces en cabina informan del estado del tren y sus compuertas.

Durante los siguientes segundos el Primer Oficial pidió se sacaran los flaps consecutivamente a 40 y 50 grados.

El avión volaba a 216 nudos, y estaba a 504 pies y a 34 segundos de tomar. A los pocos segundos el Primer Oficial preguntó al Comandante la posibilidad de realizar un Go Around. El Comandante contestó que siguiera con la aproximación.

Después del accidente, el Comandante comentó que su decisión de continuar la aproximación se basaba en que era un día en que las condiciones meteorológicas eran visuales, la pista era muy larga y tenían el tren y los flaps abajo, por eso pensó que no había ningún problema.

El Primer Oficial dijo que no tuvo tiempo suficiente para discutir con el Comandante, ya que la velocidad era tan elevada, que la aproximación se estaba realizando muy deprisa.

El CVR no indicó que la checklist de aterrizaje se hubiera iniciado en ningún momento.

Después del accidente ninguno de los dos pilotos recordaba haber visto las luces del tren abajo y blocado, pero sí que la palanca de tren estaba en la posición de tren abajo.

Durante la aproximación final sonaron los avisos sonoros de tren no extendido y del GPWS.

El Primer Oficial preguntó al Comandante si aterrizaban, a lo que el Comandante respondió que Sí.

Entonces el Comandante se hizo con los mandos del avión. El Primer Oficial no estaba a gusto con la situación, el Comandante dijo que aunque la velocidad era elevada, él se sentía cómodo para realizar un aterrizaje seguro.

Al poco, el avión hizo contacto con la pista sin tren de aterrizaje, a una velocidad de 193 nudos (357 Km/h). El avión se deslizó a lo largo de la pista rozando con su panza hasta que se detuvo en el lado izquierdo, ya fuera de la pista.

La NTSB concluyó que al estar los pilotos preocupados con analizar la razón por la que no se extendieron los flaps y dada la elevada carga de trabajo a la que estaban sometidos por realizarse la aproximación a una velocidad muy elevada, los pilotos no realizaron la lista de chequeo de Aterrizaje ni detectaron los numerosos indicios que les ponían en aviso del estado inapropiado del tren de aterrizaje.

La NTSB concluye también que si la tripulación hubiera realizado correctamente la lista de chequeo de aterrizaje, hubiera advertido que el tren no estaba extendido.

Conclusiones:

Los accidentes no se suelen producir porque la tripulación cometa un único error, sino por la realización de una cadena de errores, en este accidente la tripulación cometió los siguientes:

- No configuraron el sistema hidráulico para el aterrizaje cuando realizaron la checklist de In-Range.

- No detectaron que los flaps no se habían extendido.

- No determinaron la razón por la que los flaps no se extendieron.

- No realizaron la lista de chequeo de Aterrizaje.

- No se aseguraron que el tren estaba abajo y blocado antes del aterrizaje.

- Ignoraron los avisos de que el tren de aterrizaje no estaba extendido.

- Volaron la aproximación a una velocidad muy superior a la establecida para la aproximación y el aterrizaje, y no interrumpieron la aproximación.

16. Una historia increíble

El 16 de Octubre de1956 un Boeing 377 de la compañía Aérea Americana "Pam American World Airways tuvo que realizar un amerizaje en mitad del Océano Pacífico. Todos los 31 ocupantes del avión consiguieron evacuarlo sin tener que lamentar víctimas, ni heridos de consideración.

Este accidente, que sucedió hace más de cincuenta años, nos muestra con claridad que la profesionalidad de las tripulaciones de vuelo, su sentido común, su conciencia situacional, la toma correcta de decisiones, la planificación minuciosa de los procedimientos a seguir en situaciones de emergencia, son siempre y serán siempre el mejor medio para el mantenimiento de la seguridad en vuelo, independientemente de la época en la que se viva.

El vuelo número 6 de Pan Americam era un vuelo regular alrededor del mundo. Los saltos anteriores se habían realizado con total normalidad, en ese momento se estaba volando el salto entre Honolulu a San Francisco, el nivel de vuelo asignado a este vuelo era de 21000 pies. Abordo se encontraban 23 pasajeros, tres de ellos eran niños. Ocho eran los tripulantes. El vuelo despegó del aeropuerto de Honolulu a las 20:00 horas locales, es decir el vuelo se iba a realizar durante la noche.

La duración del vuelo aproximada era de unas 9 horas, el avión llevaba suficiente combustible para volar 12 horas.

El despegue y el ascenso al nivel de vuelo de crucero se realizó de modo rutinario. Al alcanzar los 21000 pies y al mismo tiempo que se realizaba la reducción de potencia en los motores, el motor número 1 sufrió una sobre-velocidad. Esto significa que el motor gira a unas revoluciones por encima de su operación normal. Los pilotos siguiendo los procedimientos de vuelo, inmediatamente redujeron la velocidad del avión y sacaron flaps. A continuación se intentó repetidas veces abanderar el motor afectado. Esto es situar las palas de hélice de forma que ofrezcan la menor resistencia al aire. No se consiguió abanderar la hélice, ésta continuó girando en molinete.

El volar con un motor en molinete tiene peligro, ya que si no se controla su velocidad de giro, puede que se acelere de tal forma que el motor puede llegar a "desintegrarse", además se aumenta considerablemente la resistencia la avance del avión.

Estados Unidos durante estos años mantenía un barco de la Guardia Costera en esa zona del Pacífico, a mitad de camino entre el archipiélago de Hawai y la costa Oeste de los Estados Unidos. Esta estación se denominaba "November". El barco se llamaba "Pontchartrain".

Durante el corto espacio de tiempo que duró esta emergencia (unos 3 minutos) el Comandante se puso en contacto con la estación "November" alertándoles de un posible amerizaje del vuelo número 6. Así mismo puso rumbo a la estación "November" y comunicó a la tripulación y a los pasajeros de la emergencia en la que se encontraban, dando instrucciones de que se prepararan para un posible amerizaje.

Cuando se recibió la llamada de emergencia el radar de a bordo del "November" determinó la posición del avión, se encontraba a unas 38 millas del barco. Esta información junto con el rumbo más apropiado para realizar el amerizaje se transmitió al Boeing 377.

5 minutos después de iniciarse la emergencia se aumentó a potencia de ascenso los motores números 2, 3 y 4. Al poco tiempo el motor número 4 empezó a fallar, dejó de proporcional la potencia normal.

Durante todo este espacio de tiempo, el avión estuvo descendiendo, en este momento se encontraba a 5000 pies sobre el Océano Pacífico. La situación finalmente consiguió estabilizarse. Se comprobó que volando a una velocidad e 135 nudos, sin flaps, máxima potencia en los motores número 2 y 3, y potencia parcial en el 4, se mantenía la altitud de vuelo a 5000 pies. El avión continuaba acercándose a "November".

Antes de alcanzar la estación November se comunicó al control de Tráfico de Honolulu la situación de Emergencia. November, que estaba en contacto constante con el avión, le transmitía la última información sobre la meteorología, el viento y el estado de la mar para un posible amerizaje.

Mientras sucedía todo esto, en la cabina de pasajeros, se estaba preparando todo para el amerizaje.

Las azafatas dieron indicaciones a los pasajeros para que se quitaran las gafas, los zapatos y todos los objetos punzantes de sus bolsillos y se pusieran los chalecos salvavidas.

Se mostró a los pasajeros la situación de las balsas salvavidas, y se designaron a algunos pasajeros para que ayudaran a la tripulación durante la operación de la apertura de las balsas una vez que el avión hubiera amerizado.

Todos los objetos sueltos que se encontraban en la cabina de pasajeros fueron debidamente almacenados. Se asignaron a los pasajeros los asientos más seguros, dejando libres los asientos de la parte trasera del fuselaje, ya que el Comandante pensaba que esta parte se desprendería durante el amerizaje, cosa que ocurrió. Finalmente se indicó a los pasajeros que se pusieran inclinados hacia delante con las manos alrededor de las rodillas.

En el momento en que el Boeing 377 sobrevoló el "November", todo estaba preparado para realizar el amerizaje.

Se encontró que la hélice del motor número 1 giraba de forma controlada a unas revoluciones razonables siempre que la velocidad del avión se mantuviera a 140 nudos. Al llevar la hélice girando en molinete, se generaba una gran resistencia sólo contrarrestada por el aumento de potencia del resto de motores, esto junto el vuelo a tan baja velocidad hacía que el consumo de combustible aumentara de forma importante. Con el combustible que había abordo la autonomía de vuelo no permitía alcanzar la costa Americana. El amerizaje era inevitable.

Una vez analizada la situación, el Comandante decidió retrasar el amerizaje hasta el amanecer. El avión continuó orbitando al "November".

Mientras se volaba orbitando el barco, el motor número 4 falló definitivamente y se tuvo que apagar, su hélice se abanderó con toda normalidad.

Con esta nueva configuración del avión, se voló a 2000 pies sobre el barco a una velocidad de 140 nudos.

A medida que se iba consumiendo el combustible el avión pudo aumentar su altitud de vuelo, los pilotos aprovecharon para realizar aproximaciones y determinar la controlabilidad del avión en estas condiciones.

El avión siguió volando consumiendo combustible para realizar el amerizaje tan ligero como fuera posible.

Antes de realizar el amerizaje se coordinó con el barco, toda la operación de rescate. Las lanchas de rescate se echaron al mar y se mantuvieron cerca de la zona de amerizaje. Así mismo, el barco extendió una capa de espuma que sirviera de referencia a los pilotos de la mejor trayectoria sobre el agua para realizar el amerizaje.

Finalmente todo estaba preparado para el amerizaje. El avión estuvo unas 4 horas orbitando al November.

El avión hizo contacto con el agua a las 06:15, con la máxima extensión de flaps, a una velocidad de 90 nudos y con el tren de aterrizaje retraído. El primer contacto con el agua fue suave, seguido por otro muy fuerte, parte del avión se sumergió instantáneamente en el agua pero emergió inmediatamente después, el avión frenó bruscamente.

Tal y como pronosticó el Comandante, el fuselaje se partió por su parte trasera. Ningún pasajero ni miembro de la tripulación recibió heridas de consideración.

Una vez que el avión se detuvo, se inició la evacuación. Tal y como se planificó, miembros de la tripulación y los pasajeros designados abrieron las salidas de emergencia y sacaron las balsas salvavidas.

Todos los ocupantes del avión lo evacuaron y fueron inmediatamente rescatados por las barcas del "November", llevándoles al barco "sanos y salvos".

La actuación de toda la tripulación durante este accidente, tal y como recoge el informe del mismo es sobresaliente.

Durante muchos años se lleva insistiendo en el tema de los Factores Humanos como elemento clave a la hora de evitar accidentes y factor fundamental para el mantenimiento de la seguridad en vuelo.

La actuación de esta tripulación se podría analizar punto por punto para demostrar cómo cumplieron satisfactoriamente cada uno de los principios fundamentales del entrenamiento sobre Factores Humanos, que son los siguientes:

La conciencia situacional de la tripulación, la correcta toma de decisión. La planificación de lo que se iba a realizar en cada momento. La preparación de los pasajeros y la comunicación impecable con el resto de la tripulación y con los equipos de rescate. El seguimiento escrupuloso de los procedimientos de emergencia, Y finalmente el liderazgo, capacidad de decisión, comunicación y motivación que en todo momento mostró el Comandante.

17. Cuando todos los motores se apagan

Bob Pearson, Comandante de B-767-200 de Air Canada, nunca pudo pensar que todos los conocimientos y habilidades que había adquirido durante sus vuelos como piloto de velero, le iban a ser imprescindibles para salvar la vida de los 61 pasajeros y 5 miembros de la tripulación que se encontraban a bordo de su B-767, cuando a 41.000 pies y a 120 millas del aeropuerto más cercano, se apagaron los dos motores del B-767, convirtiéndose en ese momento en un planeador de 156 toneladas.

Me ha venido este accidente a la memoria, a raíz del exitoso amerizaje del A-320 de US Airways, el pasado 15 de Enero, en el Río Hudson.

La parada en vuelo de todos los motores de un avión es extremadamente improbable.

Las típicas causas que pueden conducir a la pérdida de todos los motores en vuelo son las siguientes:
- Falta de combustible abordo, bien por una fuga o por no haberse realizado correctamente los cálculos de cantidad de combustible necesarios para el vuelo.
- Ingestión en el motor de pájaros, de polvo volcánico o de hielo y parada de los motores al congelarse el combustible (B-777 de British Airways, Heathrow).

En el accidente del B-767, que vamos a estudiar, la causa se debió al cálculo erróneo de la cantidad de combustible a cargar en el avión.

Veamos cómo se desarrolló este vuelo: El vuelo 143 de Air Canada, la tarde del 23 de Julio de 1983, despegó de Montreal para un vuelo doméstico con destino a Edmonton via Ottawa. Cuando el B-767 alcanzó la altitud de crucero de 41.000 pies, y sobre la vertical del Lago "Red Lake", Ontario, apareció en cabina, un aviso que indicaba baja presión de combustible en el sistema de combustible izquierdo. La tripulación, considerando que el aviso se debía a un fallo de la bomba de combustible izquierda, la desconectó. Esta desconexión no presenta ningún problema de seguridad, ya que el motor se sigue alimentando de combustible por gravedad. Al poco tiempo, apareció el aviso de baja presión de combustible en el depósito principal derecho. Con la aparición de este segundo aviso, esta vez en el sistema de combustible derecho, la situación comenzó a deteriorarse de forma rápida. La tripulación sospechó que todos indicios no podrían indicar otra cosa más que se estaban quedando sin combustible y que, en poco tiempo, se iban a parar los motores.

Ante esta dramática situación, la tripulación decidió dirigirse al Aeropuerto de Winnipeg situado a unas 150 millas. A los pocos segundos, el motor izquierdo se apagó, los pilotos comenzaron a prepararse para un aterrizaje con un solo motor. Contactaron con Control de Tráfico de Winnipeg para comunicarles su situación y sus intenciones. Al mismo tiempo intentaron rearrancar el motor izquierdo. Mientras tanto, un nuevo aviso en cabina les avisaba que ambos motores se habían parado. Al poco tiempo todas las pantallas de cabina se apagaron. El B-767 volaba a 28.500 pies y se encontraban a 65 millas del aeropuerto de Winnipeg sin motores y sólo con los instrumentos de emergencia (una brújula magnética, un horizonte artificial, un anemómetro y un altímetro).

Estos instrumentos se alimentan de las baterías del avión. Y proporcionan la mínima información para poder aterrizar. Sin embargo, el variómetro que indica la velocidad vertical, no está incluido entre estos instrumentos de emergencia. En este caso, la información que el variómetro hubiera proporcionado, hubiera sido fundamental para poder conocer la velocidad vertical a la que el avión descendía y conociendo este valor, poder calcular la distancia a la que el avión podría llegar planeando.

En el B-767, los controles de vuelo se mueven mediante energía hidráulica, esta energía se obtiene de las bombas hidráulicas conectadas a la caja de engranajes del motor. Al estar los motores parados, la potencia hidráulica, necesaria para poder mover los controles de vuelo, se obtiene por medio de una turbina denominada RAT (Ram Air Turbina). Esta turbina es como un pequeño "aerogenerador" que automáticamente se extiende para suministrar la energía suficiente para poder controlar el avión.

La tripulación buscó en su "check list", el procedimiento que contemplara esta emergencia, "vuelo con los dos motores parados", pero este procedimiento no existía. No tenían más remedio que aplicar su mejor juicio y experiencia. El Comandante Pearson, que era un experimentado piloto de planeadores, aplicó las técnicas de vuelo sin motor.

Para poder alcanzar, planeando, el aeropuerto de Winnipeg, Pearson voló el avión a la velocidad de mejor planeo.

El Primer Oficial (Maurice Quintal), mientras tanto, estuvo calculando, con los datos de que disponía y los que le estaba proporcionando el Control de Tráfico Aéreo, si serían capaces de alcanzar el aeropuerto de Winnipeg. La conclusión fue que NO.

Era preciso buscar rápidamente otro lugar para realizar un aterrizaje de emergencia.

Quintal propuso aterrizar en una antigua pista de la Fuerza Aérea Canadiense, que en ese momento estaba en desuso y que se encontraba a unas 12 millas. Pearson estuvo destinado en ella. Esa pista se utilizaba como circuito de carreras de coches y en ese momento se estaba disputando una.

Una vez seleccionada la pista de aterrizaje, llegó el momento de extender el tren de aterrizaje. Al no disponer de suficiente potencia hidráulica, éste se bajó por gravedad. El tren principal se extendió y blocó sin problemas, pero el tren de morro no llegó a blocarse.

Alineado ya el avión con la pista era evidente que se encontraba demasiado alto para poder aterrizar y frenar el avión en la corta pista disponible, era necesario deshacerse de la altitud excesiva que el B-767 tenía y no aumentar la velocidad. Además no tenían disponible la reversa de los motores, ni los flaps, ni lo spoilers. Pearson debería hacerlo al primer intento no se podría realizar una "frustrada".

Volvió a emplear nuevamente sus conocimientos de piloto de planeadores, realizó lo que se denomina un resbalamiento, que consiste básicamente en cruzar los mandos de vuelo, con lo que se presenta una gran resistencia al avance consiguiendo descender sin aumentar la velocidad. Esta técnica de resbalamiento, la suelen utilizar los planeadores y las avionetas ligeras para realizar un descenso más rápidamente.

A la dificultad propia de realizar esta maniobra con un avión tan pesado como un B-767 sin el entrenamiento preciso, hay que añadir que cuando el avión descendió de acuerdo con esta técnica la lectura del anemómetro de emergencia no era la correcta.

Cuando estaban prácticamente en la pista los pilotos se sorprendieron al descubrir personas en ella. Control de Tráfico no conocía que la pista se utilizaba para carreras de coches. La gente sorprendió al ver como un enorme B-767 se dirigía hacia ellos, descendiendo para aterrizar. Todo el mundo comenzó a correr.

Tan pronto como el avión se posó, Pearson aplicó los frenos a fondo, dos de los neumáticos estallaron. El tren de morro, que no estaba blocado, colapsó, la parte delantera del fuselaje comenzó a rozar a lo largo de la pista. Esto favoreció la frenada del avión. Finalmente el avión se detuvo justo enfrente del resto de espectadores después de haber chocado previamente con un guardarrail instalado en la pista para las carreras de coches.

Ninguno de los 61 pasajeros recibió heridas de gravedad. Sólo se produjo un pequeño fuego en la zona delantera del fuselaje debido al rozamiento que se produjo con la pista, los propios corredores de la carrera lo apagaron.

18. Toma de Decisión

El 13 de Enero de 1982, un B-737-200 de Air Florida, se estrelló al poco tiempo de despegar del Aeropuerto de Washington DC, chocando contra un puente que cruza el Río Potomac y posteriormente cayendo a las aguas heladas del río.

Este accidente conmocionó a la opinión pública y fue uno de los primeros accidentes en los que se pudo ver en televisión el dramático rescate de los pocos supervivientes gracias al vídeo que un cámara grabó desde el puente. En él se pudieron ver, los intentos desesperados y heroicos de salvar a los supervivientes por parte de la tripulación de un helicóptero y de un pasajero, el que se conoció como "el Sexto Pasajero".

Se le llamó "el Sexto Pasajero" porque inicialmente al accidente sobrevivieron 6 pasajeros, uno de ellos era Arland Dean Williams Jr (el Sexto Pasajero) que se comportó heroicamente ayudando al resto de los pasajeros a salvarse, cuando le llegó el turno a él, desapareció en las gélidas aguas del Potomac.

Este accidente ha dejado un legado tan importante, que es motivo de estudio y análisis por los alumnos de diferentes universidades en Estados Unidos relacionadas con la Seguridad en Vuelo.

De este accidente se sacaron 21 Recomendaciones de Seguridad y se revisaron numerosos documentos de la FAA. Sirvió también para mejorar la operación en condiciones de Hielo y para implantar en las Compañías Aéreas una nueva Cultura de

Seguridad en vuelo que hoy se conoce como CRM (Crew Resource Management).

Asimismo, este accidente sirve para ilustrar la importancia de una correcta toma de decisión por parte de los Pilotos. En este accidente se llegaron a tomar numerosas decisiones incorrectamente, cada una de ellas por sí solas suficientes para poder haber provocado el accidente.

Esta es la narración de los hechos:

El vuelo de Air Florida número 90 tenía como destino Fort Lauderdale, Florida y salida del aeropuerto de Washington DC. Abordo se encontraban 74 pasajeros y una tripulación de 4 personas.

El vuelo tenía previsto su despegue a las 14:15, pero el aeropuerto de Washington DC se cerró a las 13:38. Había estado nevando durante toda la mañana y era preciso limpiar las pistas de la nieve acumulada. El aeropuerto se reabrió a las14:53. La salida del Vuelo 90 se retrasó aproximadamente una hora y cuarenta y cinco minutos. Durante todo este tiempo la nieve siguió cayendo abundantemente.

En cuanto se volvió a abrir el aeropuerto, el Vuelo 90 recibió el tratamiento de deshielo preceptivo. Mientras se aplicaban los líquidos de deshielo, continuo nevando intensamente.

A las 15:15, la puerta de embarque del vuelo 90 se cerró y se retiró el "Finger". El Comandante pidió al responsable de tránsito de la compañía aérea que comprobara la cantidad de nieve acumulada en el avión; éste contestó que había nieve en polvo sobre la parte exterior del ala izquierda y que el resto estaba limpio.

A las 15:25 un tractor remolcador intentó empujar el avión para sacarlo de la zona de aparcamiento. Debido a la nieve acumulada y a que el remolcador no llevaba instaladas cadenas en sus neumáticos, no fue capaz de empujarlo. Los pilotos tomaron la siguiente decisión incorrecta: la de arrancar motores y aplicar reversa con la intención de ayudar al remolcador a empujar el avión hacia atrás, a pesar de las indicaciones dadas por el conductor del remolcador que les avisó que aplicar reversa iba en contra de los procedimientos de la Compañía Aérea. Durante el tiempo que duró la aplicación de la reversa el avión se cubrió con gran cantidad de nieve y hielo, debido al flujo hacia delante de los gases de escape que salían de los motores.

A las 15:35 otro remolcador, esta vez equipado con cadenas, empujó por fin al avión fuera de la zona de aparcamiento y a continuación se arrancaron motores, comenzando seguidamente el carreteo a la pista de despegue. El carreteo se realizó detrás de varios aviones que le precedían.

Una vez que los motores estuvieron en marcha, los pilotos cometieron otra decisión incorrecta: mientras realizaban la lista de chequeo de "después del arranque de motores" y cuando llegaron al punto referente a la conexión de los sistemas de deshielo y antihielo del avión y de los motores, el Comandante los mantuvo apagados. Incompresiblemente no activaron los diferentes sistemas de antihielo y deshielo del avión, a pesar de las extremas condiciones meteorológicas.

Durante todo el tiempo anterior al despegue, continuaron las conversaciones entre los pilotos sobre su preocupación por la formación de hielo en el avión. El Comandante decía que en su ala no había casi hielo acumulado, mientras que el Primer Oficial le aseguraba que en la suya había bastante.

También se sucedieron las conversaciones acerca de las indicaciones de motor. El Primer Oficial le comentó al Comandante las diferencias en EPR entre el motor derecho e izquierdo.

La indicación de EPR muestra el Empuje desarrollado por el motor. Parece ser que la diferencia entre estos dos valores se debió a que en uno de ellos, las sondas de presión de toma de motor estaban taponadas por el hielo.

Durante el rodaje se volvieron a tomar más decisiones incorrectas. Inmediatamente delante del B-737 rodaba un DC-9 de la Compañía Aérea New York Air. Los pilotos del Vuelo 90 pensaban que las diferencias en las indicaciones de los EPR, se debían al aire caliente que el motor derecho estaba ingiriendo de los gases de escape del DC-9. Además decidieron incorrectamente rodar cerca del DC-9 porque pensaron que el chorro de aire caliente de los motores del DC-9 derretiría el hielo acumulado en las alas del B-737.

Una vez que despegó el DC-9, los pilotos del Vuelo 90 completaron la lista de chequeo de "Antes del Despegue" y se posicionaron en cabecera de pista para despegue inmediato.

Siguiendo los procedimientos, se seleccionó un EPR para el despegue de 2.04. Es decir los motores de forma automática ajustarían su potencia a un EPR de 2.04 lo que permitiría realizar un despegue seguro. De acuerdo con el informe final del accidente y debido a que las sondas de presión de la toma de los motores estaban taponadas por la acumulación de hielo, la EPR que realmente iban a proporcionar los motores era inferior a la requerida para el despegue. Es decir, cuando en el despegue se aplicaran motores éstos iban a proporcionar una potencia mucho más reducida que la requerida para un despegue seguro, con lo que el avión aceleraría muy lentamente.

Durante la primera parte del despegue el Primer Oficial, que volaba el avión, comentó repetidas veces al Comandante que "las cosas no iban bien". Se podía referir según los investigadores a tres cosas: O que el avión no aceleraba correctamente, o que el ruido producido por los motores era inferior a lo normal o finalmente que las palancas de potencia de los motores estaban más atrasadas de lo normal y por lo tanto los motores no podían estar aplicando su potencia requerida. El Comandante no le hizo caso. Otra toma de decisión incorrecta. Hoy en día no se concibe que un piloto haga en cabina estos comentarios y no sean tenidos en cuenta por el otro piloto.

El CVR recoge los avisos que hizo el Comandante de "V1", seguida de "V2" y posteriormente unos dos segundos después el sonido del aviso de entrada en pérdida. A pesar de los intentos desesperados de los pilotos para recuperar el avión, éste finalmente chocó contra el puente "14th Street Bridge" y con varios vehículos que transitaban por él, cuatro ocupantes de estos vehículos murieron en el accidente.

Como resumen, los errores que cometieron los pilotos en este accidente son los siguientes:

- La decisión de utilizar la reversa en aparcamiento a pesar de que este procedimiento no estaba aprobado por la Compañía Aérea.

- La creencia de que los gases de escape del motor de DC-9 que les precedía durante el rodaje iba a derretir el hielo formado en el B-737.

- La decisión de no utilizar los equipos del avión de antihielo/deshielo del motor y de las alas.

- La creencia de que la indicación anómala de EPR que se había observado durante el rodaje se debía a los gases calientes de escape del DC-9 que les precedía durante el rodaje.

- La creencia de que el hielo que habían observado tanto el Comandante como el Primer Oficial que se había formado en las alas se iba a desprender durante el despegue.

- La decisión de despegar sabiendo que había hielo y nieve acumulados en las alas.

- La decisión del Comandante de continuar el despegue a pesar de los repetidos avisos por parte del Primer Oficial de que la situación no era normal.

- Y finalmente, durante la carrera de despegue, el fallo por no comprobar otros instrumentos de motor, como por ejemplo el EGT (Exhaust Gas Temperatura) y la N2 lo que les hubiera indicado que los motores no estaban proporcionando la potencia requerida para un despegue seguro.

La NTSB (National Transportation Safety Board) dictó 21 recomendaciones. Gran parte de estas recomendaciones han sido asumidas por la Industria Aérea (Compañías Aéreas, Fabricantes, Autoridades Aeroportuarias, etc) y hacen que el transporte aéreo hoy sea mucho más seguro.

19. Conceptos Erróneos

Todo transcurría con normalidad durante el vuelo regular de, un Bombardier DHC-8/Q400, de la compañía SAS, el día 6 de Abril de 2006, entre Estocolmo y Kalmar (Suecia) con 69 pasajeros y 4 miembros de la tripulación a bordo.

Durante el descenso hacia el aeropuerto de destino para iniciar la aproximación final, volando en condiciones meteorológicas visuales, la hélice del motor derecho experimentó una sobrevelocidad.

De acuerdo con el Procedimiento de "Sobrevelocidad de la Hélice" de la lista de chequeo, los Pilotos deben ejecutar un número de acciones, algunas de ellas se deben realizar de memoria. Las últimas acciones de este procedimiento son las de abanderar la hélice y apagar el motor afectado.

El Comandante, que era quien volaba el avión, decidió no abanderar la hélice y no apagar el motor. Aumentó la potencia del motor no afectado, de Ralentí de Vuelo (Flight Idle) a un 40 % de "Torque".

El Primer Oficial preguntó al Comandante si debería "Asegurar" el motor derecho. Esto supone abanderarlo, apagarlo y desconectar diferentes equipos que están "colgados" del motor. El Comandante contestó que estaban en la aproximación y que estando en esta fase de vuelo no se podía empezar a aplicar el procedimiento de apagado de un motor y que lo que se debía hacer, era continuar la aproximación y aterrizar.

El Comandante incrementó la potencia del motor izquierdo hasta el 90% de "Torque" para nivelar el avión a 2.000 pies siguiendo la aproximación. El Primer Oficial nuevamente preguntó al Comandante si aseguraba el motor. Este le volvió a contestar que no.

En ese momento el Piloto Automático se desconectó automáticamente, debido a la asimetría de potencia entre ambos motores.

El Q400 empezó a descender bruscamente. Cuando el avión se encontraba 1.200 pies AGL sobre el terreno, bajando a una velocidad de 3.700 pies por minuto mientras realizaba un giro a derechas y separándose del curso de aproximación, el GPWS presentó a los pilotos los avisos de "TERRAIN, PULL UP" y "SINK RATE".

El Comandante aumentó la potencia en el motor izquierdo hasta el 125 % de "Torque", valor por encima del límite del motor, comenzando a recuperarse del picado e iniciando una suave subida y un giro hacia la izquierda dirigiéndose nuevamente hacia el curso de la aproximación final.

El Controlador de tráfico aéreo del aeropuerto vio en su pantalla de radar como el avión aparecía fuera del curso de aproximación y a 800 pies por debajo de la senda de aproximación. Al mismo tiempo el Primer Oficial le comunicó que tenían un problema con un motor. El Controlador preguntó si requerían ayuda, a lo que el Primer Oficial contestó que no y que se disponían a realizar un aterrizaje normal.

El Controlador decidió que la situación era grave y avisó a los equipos de emergencia. Mientras los estaba avisando, el avión se encontraba a unos 200 pies AGL y a una milla de la cabecera de la pista. El Controlador estaba convencido que iba a ocurrir un accidente.

El informe final del accidente muestra que el Comandante aplicó en todo su recorrido los controles de alabeo y de dirección. El avión pasó por sólo unos 15 pies por encima del umbral de pista y tocó la pista a unos 60 pies de la cabecera. El resto del aterrizaje y rodaje se realizó con normalidad, los equipos de rescate siguieron al avión hasta el aparcamiento.

El Comandante dijo a los investigadores que no completó el procedimiento de "Sobrevelocidad de la Hélice", abanderando la hélice y apagando el motor porque pensó que el avión tenía la potencia suficiente para poder volar en esa configuración.

Durante la aproximación, el Comandante encontró que el avión se mostraba cada vez más difícil de controlar, no sabía cuál era la razón por la que el avión se comportaba de esta forma, con tan poca maniobrabilidad.

La práctica errónea, que consiste en volar con una configuración asimétrica, con el motor afectado en "Flight Idle", en vez de abanderado, ha sido causa de varios accidentes. En todos ellos, los pilotos no eran conscientes de los problemas de controlabilidad cuando se vuela en esa configuración. Cuando un motor turbohélice está en "Flight Idle", no sólo, ese motor no proporciona tracción, sino que genera resistencia. Luego el par de guiñada que se aplica al avión es el correspondiente a la tracción del motor operativo más el par generado por la resistencia del motor en "Flight Idle", que debe ser contrarrestada por los mandos de vuelo.

La tripulación ante un fallo de motor, debe aplicar el procedimiento correspondiente. Si este procedimiento te obliga a abanderar y a apagar el motor afectado, así es cómo se debe proceder. Es decir el hecho de desviarnos de los procedimientos aprobados, puede llevarnos a condiciones de vuelo no seguras, que se encuentran fuera de la propia certificación del avión.

En este caso, lo que debería haber hecho la tripulación era interrumpir la aproximación, realizar el procedimiento de "Sobrevelocidad de hélice" correspondiente, abanderando y apagando el motor y posteriormente realizar una aproximación estabilizada con un motor inoperativo y en la configuración certificada.

Los datos que se presentan en el Manual de Vuelo en cuanto a aterrizaje para el caso de fallo de un motor están basados en que el avión está aterrizando en una determinada configuración, y esta configuración es con la hélice abanderada.

También es de destacar la falta de "Asertividad" por parte del Primer Oficial que sabiendo que la operación no se estaba realizando correctamente, no fue capaz de hacer ver al Comandante que se estaban metiendo en una situación comprometida.

Se define la "Asertividad" como *"La habilidad de defender los derechos personales y expresar los pensamientos, sentimientos y creencias de maneras directas, honestas y apropiadas que no violen los derechos de otra persona"*.

20. Por un solo interruptor….

El 11 de Agosto de 2007, un B-737-400 de la compañía aérea australiana Qantas, despegó de Perth, Western Australia a las 0544 hora local con destino a Sydney. 2 horas y 40 minutos después del despegue y cuando volaba a 31.000 pies, apareció en la cabina de pilotos, el aviso de baja presión de combustible de las bombas del tanque principal. Los motores en ese momento estaban siendo alimentados desde los tanques principales, cada uno contenía tan sólo 100 kg de combustible, mientras que en el central había 4.700 kg. Si la tripulación no hubiera actuado de forma rápida los dos motores se hubieran apagado.

En el B-737-400 la secuencia de vaciado de los depósitos es la siguiente. Primero se vacía el central y a continuación los principales que están situados en las alas.

¿Cómo pudo ser que el tanque central estuviera casi lleno y los principales que deben ser los últimos en vaciarse estuvieran casi vacíos?

Nada más aparecer este aviso, el Comandante observó que los interruptores de las bombas de combustible del tanque central estaban en la posición de OFF, inmediatamente los seleccionó en ON. Con el combustible del Tanque Central alimentando los motores, el vuelo se completó sin tener que resaltar ningún nuevo incidente.

Este es el relato de los hechos:

En aparcamiento, cuando el Primer Oficial realizaba las acciones de la lista de chequeo de "Pre-Start" es cuando se produjo el error que desencadenó la cadena de errores que condujo a que se produjera el incidente. El Primer Oficial debería haber puesto todos los interruptores de las bombas de combustible del tanque central en ON, y después seleccionar las bombas de combustible de los tanques principales también en ON. Pero el Primer Oficial omitió la selección de las bombas de combustible del tanque central en ON. Aunque este error pudiera ocurrir alguna vez, el chequeo cruzado y el seguimiento de los procedimientos de las listas de chequeo en las diferentes fases del vuelo, hubieran hecho que los Pilotos detectaran los posibles errores cometidos.

La tripulación de este vuelo había volado previamente, dos sectores en un B-737-800. Para la realización de este vuelo, se cambiaron de avión, el modelo era un B-737-400. El serie 400 tiene un sistema de combustible ligeramente diferente al serie 800.

Durante la realización de la lista de "Pre-Start", el Comandante, seleccionó las bombas hidráulicas en ON. El procedimiento normal requiere que las bombas hidráulicas y las bombas de combustible sean seleccionadas por el Primer Oficial. El Comandante parece, tal y como se indica en el informe del incidente, que se desvió del procedimiento publicado, al seleccionar él mismo las bombas hidráulicas, interfiriendo de esta forma en la ejecución del procedimiento normal, que especifica que esta tarea la debe realizar el Primer Oficial. Parece ser que esta práctica era común entre algunos Comandantes de la compañía. Siempre que nos salimos o modificamos los procedimientos publicados entramos en un estado de incertidumbre, el Primer Oficial al ver que el Comandante seleccionaba las bombas hidráulicas, ¿Pudo pensar también que el Comandante seleccionaría las bombas de combustible del depósito central?

La siguiente lista de chequeo, la "Before Start", únicamente pide que se realice un chequeo de la cantidad de combustible abordo en Kg y la comprobación de que las bombas de combustible están seleccionadas en ON. La Lista de Chequeo no pide que se compruebe una a una que las bombas están activadas o que se realice una comprobación cruzada por el Comandante, de esta forma, según el informe del incidente, al realizar la comprobación de una a una y además cruzada con el Comandante se hubieran asegurado de la configuración correcta de todas las bombas. En el Manual de Operaciones no se requiere a los pilotos seguir la filosofía de algunas listas de chequeo que requieren que los pilotos toquen físicamente los controles como parte del proceso de verificación. Sin embargo en el Manual de Operaciones, en el capítulo de la descripción de la operación normal de la lista de chequeo, SÍ especifica que ambos pilotos deben verificar que todos y cada uno de los ítems que aparecen en la check list están en su configuración correcta.

Parece ser que el Comandante no realizó la comprobación cruzada, además si las bombas seleccionas en ON hubieran sido chequeadas por el Comandante que está sentado justo debajo del panel de combustible probablemente el error hubiera sido detectado.

Terminado el ascenso, ambos pilotos deben realizar la comprobación de la situación de los diferentes sistemas y un "barrido" de los diferentes paneles para comprobar el correcto funcionamiento y configuración de los sistemas del avión. Cuando realizaron esta comprobación no observaron la selección errónea del interruptor de las bombas de combustible.

La única razón por la que el interruptor de las bombas de combustible del tanque central puede estar en OFF, es cuando éste está vacío y aparece la luz de aviso de baja presión de combustible.

Tal y como aparece en el informe del incidente, en un vuelo de largo recorrido, tal y como era considerado este vuelo, el Primer Oficial tiene que hacer comprobaciones del combustible consumido y combustible abordo. El combustible consumido se calcula utilizando la información proporcionada por el FMS de combustible TOTAL a bordo, al hacerlo de esta forma mediante combustible TOTAL, no se observó ninguna anormalidad ya que al no existir una fuga de combustible, los datos eran correctos, lo que no era correcto era la distribución de ese combustible en los diferentes tanques, es decir no comprobaron las indicaciones de cantidad de combustible en cada tanque, que hubiera sido la forma de detectar el error. Si los pilotos hubieran comprobado las indicaciones de combustible de cada tanque se hubieran percatado de que la cantidad de combustible que había en el tanque central era la misma que había al despegue y que este combustible no se estaba consumiendo.

Pasadas 2 horas y 45 minutos del despegue se encendió el aviso de baja presión de combustible, el Comandante se sorprendió al ver que los interruptores de las bombas de combustible del tanque central estaban en OFF, inmediatamente los seleccionó en ON.

El vuelo continuó normalmente sin más problemas hasta destino.

Entre los factores a considerar, el informe del incidente señala que el Comandante estaba bajo la influencia del estrés, relacionado éste con su divorcio, señala también la fatiga asociada al estado de estrés que le había impedido dormir.

Señala también el informe como factor que el Primer Oficial era el responsable de vigilar los consumos de combustible, pero como en el serie 400 las indicaciones de combustible de cada tanque no están en su línea de visión, se monitorizan estas cantidades en el "Flight Management Computer", este ordenador no da las indicaciones de cantidad de combustible por tanque sino el TOTAL del combustible abordo, por lo que al Primer Oficial le fue imposible observar que el combustible que se estaba consumiendo era el de los tanques principales y no el del central.

Este incidente nos enseña la importancia de seguir los procedimientos publicados y de las comprobaciones cruzadas entre los Pilotos así como la influencia adversa del estrés y de la fatiga.

21. Automatismos

El 23 de septiembre de 2007, un B-737-300 de Thomson Airways con matrícula G-THOF, realizó una aproximación no estabilizada y posteriormente entró en pérdida cuando realizaba un "Go Around" en el Aeropuerto de Bournemouth (UK). En el avión viajaban 132 pasajeros y 5 miembros de la tripulación. El avión procedía de Faro (Portugal) y realizaba un vuelo regular.

Durante la aproximación ILS, el Autothrottle se desconectó, las palancas de potencia se encontraban en ese momento en Idle. La desconexión del Autothrottle no fue comandada, los pilotos no se percataron de ello. Al desconectarse el Autothrottle y encontrarse las palancas de potencia en Idle, los motores no proporcionaron la potencia necesaria para mantener la velocidad, el avión fue perdiendo velocidad durante la aproximación.

Con el avión configurado para el aterrizaje, la velocidad se redujo rápidamente a un valor por debajo de la velocidad de aproximación. Cuando el Comandante se percató, se hizo con el control del avión e inició un Go Around. Durante el Go Around el avión se encabritó excesivamente, los intentos de los pilotos de disminuir el encabritamiento fueron ineficaces. El avión llegó a alcanzar un encabritamiento de hasta 44º y la velocidad se redujo a 82 nudos. Finalmente, los pilotos consiguieron recuperar el avión y completar la aproximación y el aterrizaje sin ningún nuevo incidente.

El informe final del incidente indica que en la fase crítica del vuelo como es la de aproximación final, los pilotos se distrajeron y no vigilaron convenientemente la velocidad del avión, lo que explica que la desconexión del Autothrottle no fuera detectada por los pilotos. Al encontrarse las palancas de potencia en Idle, la velocidad se fue reduciendo rápidamente. La velocidad se redujo hasta alcanzar un valor de 20 nudos por debajo de la VREF, en ese momento la tripulación inició la maniobra de recuperación.

El Primer Oficial volaba el avión, el vuelo se planificó para aterrizar con full flaps (40º). Durante la fase de crucero el Primer Oficial realizó el "briefing" de aproximación y aterrizaje, confirmaron la velocidad de aterrizaje con flaps 40º, (VREF 40º) 129 nudos y la velocidad de aproximación de 135 nudos (VREF 40 º +6). El vuelo se desarrolló sin ningún incidente hasta la aproximación a Bournemouth (UK).

Al no haber otros tráficos se le autorizó al avión a proceder al ILS de la pista 26. Cuando se encontraba a 11 millas del aeropuerto, el avión se encontraba a 2.500 pies, con una velocidad calibrada de 180 nudos y los flaps en 5 grados. El Autothrottle estaba conectado en modo velocidad, con una N1 de aproximadamente 60%. El Piloto automático B estaba conectado en Modo "CMD" con los modos "VOR-LOC" y "Altitud Hold" activos.

El avión se niveló a 2.500 pies y a 7 millas de DME el piloto automático capturó la senda. El Primer Oficial pidió se bajara el tren de aterrizaje, se sacaran flaps a 15 grados y se realizara la lista de chequeo de aterrizaje. El Comandante realizó las acciones. El Primer Oficial seleccionó entonces una velocidad inferior en el "Mode Control Panel" y el Autothrottle retrasó las palancas de potencia a la posición de "Idle" para alcanzar la nueva velocidad seleccionada.

El avión comenzó a descender siguiendo la senda de descenso, y unos 20 segundos después, con las palancas de potencia todavía en "Idle" apareció el aviso de desconexión del Autothrottle, finalmente el Autothrottle se desconectó. La desconexión no fue percibida por los pilotos. Por otra parte, se ha comprobado que los pilotos no realizaron una desconexión manual del Autothrottle.

Las palancas de gases permanecieron en la posición de Idle durante el resto de la aproximación.

El Piloto Automático permaneció enganchado y continuó volando el localizador y la senda de descenso.

La velocidad del avión continuó disminuyendo a razón de un nudo por segundo en línea con lo que el Primer Oficial podía esperar en una aproximación normal. Cuando la velocidad disminuyó por debajo de 150 nudos se seleccionó flaps a 25 grados.

El Piloto Automático continuó volando el avión, siguiendo la senda de descenso, poco a poco fue aumentando el encabritado del avión para ajustarse a la senda.

Llegamos al momento crítico de este incidente, el Primer Oficial para poder leer en la placa, la velocidad máxima de extensión de flaps a 40 grados, aumentó la iluminación de la luz de su lector de mapas, una vez leída la velocidad volvió a ajustar la intensidad de la lámpara a su valor inicial, entonces pidió flaps a 40 grados. El Comandante extendió los flaps a 40 grados y el Primer Oficial seleccionó la velocidad de 135 nudos en el MCP.

El Comandante observó como los flaps se extendían a la posición de 40 grados y después completó la lista de chequeo de aterrizaje anunciando "Flaps". El Primer Oficial comprobó que el indicador de flaps marcaba 40 y la velocidad era de 130 nudos (ésta era la velocidad final de la aproximación menos 5 nudos).

El Comandante guardó la lista de chequeo sobre el panel de instrumentos y cuando miró hacia abajo se percató que la velocidad era de tan solo 125 nudos. Entonces gritó "Velocidad" y el Primer Oficial realizó un pequeño movimiento de las palancas de potencia hacia adelante y el Comandante dijo "Tengo el Control". El Comandante movió las palancas de potencia al tope hacia adelante y avisó "Go Around Flaps 15 Chequea Potencia".

Los datos registrados en el FDR grabaron que a 110 nudos de velocidad calibrada y a una altitud de 1.540 pies, se presionó el control de desconexión manual de Autothrottle y se avanzaron ligeramente las palancas de potencia. Pasado un segundo y medio se activó el Stick-shaker, y a los dos segundos se avanzaron al tope las palancas de potencia.

El piloto automático cambio del modo de seguimiento del Localizador y de la Senda a Control Wheel Steer (CWS) en pitch y en roll. El avión entonces alcanzó un encabritado de 12 grados. El Comandante movió la palanca de control hacia adelante para contrarrestar el movimiento a encabrita debido a la aplicación de toda la potencia de los motores. El stick-shaker se paró y la velocidad se redujo a un mínimo de 110 nudos.

Después de numerosas maniobras en las que el avión entró en pérdida, la tripulación consiguió hacerse con el control de avión y aterrizar.

Desenganche del Autothrottle

La investigación de este incidente se centró en parte en conocer la razón por la que el sistema de Autothrottle se desenganchó durante la aproximación. Existen seis posibles condiciones por las que el Autothrottle se puede desenganchar:

- Movimiento del Autothrottle ARM switch a OFF.
- Activación de uno de los switches de desenganche del Autothrottle en las palancas de potencia.
- Detección de un fallo del Autothrottle por el ordenador mediante su BITE.
- Pasados dos segundos después de hacer contacto con la pista.
- Cuando la posición de las palancas de potencia están separadas más de 10 grados durante una aproximación con los dos canales del piloto automático después de que el "Flare ARMED" haya sido anunciado.
- Cuando el control en alabeo del piloto automático requiere un movimiento significativo de los spoilers y las palancas de potencia están separadas, y los flaps están en una selección inferior a 15 grados, y el Autothrottle no está ni en el modo de "Despegue" ni en el de "Go Around".

De la investigación se dedujo que la única condición posible era la de un error interno del ordenador del sistema de Autotrottle. Se realizaron diferentes pruebas en el ordenador para comprobar si el desenganche se debió al propio ordenador y se concluyó que no.

La desconexión no comandada del Autotrottle, no es un suceso poco habitual, en este mismo avión ocurrieron hasta cinco desconexiones en los previos nueve meses al incidente.

¿Por qué la tripulación no se percató de la desconexión del Autothrottle? O bien porque el aviso de desconexión no funcionó o bien porque simplemente la tripulación no se dio cuenta.

El aviso de desconexión del Autothrottle en el B-737-300 es de color ambar y flashea durante la aproximación por periodos largos de tiempo, pudiera ser que la tripulación inconscientemente filtrara este aviso al ser percibido por la tripulación como un mensaje molesto. Esto junto con que los sistemas automáticos cada vez son más fiables en los aviones modernos, provocan en los pilotos la falta de vigilancia sobre el funcionamiento correcto de estos sistemas.

Reacciones de los Pilotos

No existen evidencias por las que el avión o bien los pilotos se vieran afectados por algún factor externo durante la aproximación.

Tampoco parece que hubiera fallo técnico en el sistema de aviso de desconexión del Autothrottle o alguna de las indicaciones de motor o de velocidad.

El avión se encontraba bien posicionado en la senda y el localizador, y configurado correctamente para el aterrizaje a una altitud de 1.400 pies, cumpliendo por lo tanto el requerimiento del operador de tener la aproximación estabilizada a los 1.000 pies, no hay evidencia de que la tripulación estuviera con gran carga de trabajo durante la aproximación.

El uso de 40 grados de flaps no era una práctica corriente para el aterrizaje en el aeropuerto de Bournemouth. El Primer Oficial, que era el que volaba el avión, necesitó incrementar la intensidad de la luz de lectura de mapas para asegurarse que estaban volando por debajo del límite de velocidad para la selección de flaps de 40 grados, antes de pedirle al Comandante que extendiera los flas a 40. Esta acción es la única que se separa de las típicas acciones durante la aproximación.

Independientemente del estado del Autothrottle y de sus avisos, ambos pilotos parece que estuvieron distraídos en la fase crítica de la aproximación. La falta de una vigilancia efectiva de los sistemas automáticos permitió al avión entrar en un estado de baja energía después de que el Autothrottle se hubiera desconectado.

El ser humano no es muy bueno para las tareas tediosas de monitorización de los sistemas automáticos. Este incidente es un claro ejemplo. En la fase crítica de la aproximación y aterrizaje la tripulación debe vigilar continuamente la velocidad, una pequeña distracción de muy pocos segundos puede tener consecuencias catastróficas. Al no detectar la tripulación que el Autothrottle se había desconectado la velocidad fue disminuyendo progresivamente hasta que por fin los pilotos se percataron de ello. Este es uno de los peligros de los automatismos, al ser éstos bastantes fiables, los pilotos pueden caer, en algunos casos, en la complacencia, al dejar de vigilar el funcionamiento correcto de los automatismo durante cortos periodos de tiempo.

22. Cabina Estéril

El 27 de Agosto de 2006, un Bombardier CL-600-2B19, N431CA, de Comair se estrelló cuando despegaba del aeropuerto "Blue Grass" en Lexington, Kentucky (USA). La tripulación tenía autorización para despegar por la pista 22 pero el despegue se realizó por la pista 26, pista que es mucho más corta que la pista autorizada. El avión se salió al final de pista y se estrelló contra la valla del perímetro del aeropuerto, contra un grupo árboles y finalmente contra el terreno. 47 pasajeros, un Tripulante de Cabina de Pasajeros y el Comandante fallecieron, el Primer Oficial resultó gravemente herido. El avión quedó completamente destruido por el impacto y el fuego que posteriormente surgió. En ese momento las condiciones eran las de Night Visual Meteorological Conditions.

La NTSB determinó que la causa probable del accidente fue el fallo de los pilotos al no emplear las referencias visuales disponibles para identificar la posición del avión en las calles de rodaje y el de no realizar el chequeo cruzado para asegurarse que iban a despegar por la pista correcta. El factor determinante que contribuyó al accidente fue las conversaciones no operacionales que mantuvieron los pilotos durante el rodaje que les llevaron a perder la Conciencia Situacional en cuanto a su posición en el aeropuerto, y el fallo de la FAA (Federal Aviation Administration) en requerir que todas los cruces de pista que un avión realice sean autorizados solamente por autorizaciones expresas del control de tráfico (ATC).

Los hechos se desarrollaron de la siguiente forma: Durante la preparación de cabina, el Comandante le ofreció al Primer Oficial que volara el primer tramo, a lo que el Primer Oficial accedió.

El Primer Oficial comenzó el "briefing" del Despegue que es parte de la lista de chequeo de "Antes del Arranque de Motores". Durante este briefing, el Primer Oficial refiriéndose a la comunicación del Controlador dijo: "El dijo,.. ¿qué pista?....la dos cuatro", a lo que el Comandante contestó "Es la dos dos". El Primer Oficial continuo el briefing de despegue que incluye tres referencias adicionales a la pista por la que se va a despegar, en este caso la 22. Después de anunciar que las luces que identifican la pista 22 estaban inoperativas, el Primer Oficial comentó que la otra noche estaban también las luces inoperativas y que era como si todo estuviera a oscuras.

La tripulación prosiguió con los diferentes procedimientos, existe una acción que los pilotos realizaron y que nos nuestra que entendieron perfectamente que la pista para despegar era la 22, calaron los "heading bug´s" a 227º, selección que es coherente con el "magnetic heading" de la pista 22.

Finalmente el avión estaba preparado para rodar, el controlador autorizó al avión a rodar hasta la pista 22, esta autorización incluía la autorización para cruzar la pista 26 sin parar. El Primer Oficial respondió "taxi dos dos", lo que demuestra que la tripulación entendió perfectamente que la pista para el despegue era la 22.

El avión comenzó a carretear, mientras carreteaban realizaron la lista de chequeo de "taxi". Una vez realizada durante casi un minuto estuvieron hablando de temas no operacionales, coa que va en contra de los procedimientos operacionales de la compañía aérea que establece que se debe seguir las reglas de "Cabina Estéril".

Posteriormente el Primer Oficial realizó la Lista de Chequeo de "Antes del Despegue", nuevamente indicó que el despegue se iba a realizar por la pista 22.

El Comandante detuvo el avión en la "holding position" de la pista 26. Después el Primer Oficial dio la bienvenida a los pasajeros y completó la lista de chequeo de "Antes del Despegue". Finalmente el Controlador les autorizó el despegue. Ni el Primer Oficial ni el Controlador citaron la pista por la que se iba a realizar el despegue. El Comandante alineó el avión en la pista 26 y pidió al Primer Oficial que realizara al mismo tiempo la "lineup checklist". Una vez la lista completada y el avión alineado en la pista el Comandante pasó el control del avión al Primer Oficial.

El avión comenzó a acelerarse por la pista 26 hasta que finalmente se estrelló al final de la misma.

El Manual de Operaciones de Comair en el capítulo de Procedimientos Generales de Rodaje establece que antes del rodaje el Comandante debe realizar el Briefing de rodaje y que durante el rodaje deberá decir en alto los elementos más importantes de las autorizaciones recibidas, haciendo especial hincapié en los cruces de pistas. En esta sección se dice también que ambos pilotos deberán estar vigilando el progreso del rodaje utilizando el HSI, los diagramas del aeropuerto y las señalizaciones del mismo. El Manual también incluye el siguiente texto "Ambos pilotos deben estar familiarizados con la ruta de rodaje asignada antes de comenzar el rodaje del avión. En caso de duda el avión deberá abandonar cualquier pista en la que se pueda encontrar y debe contactar con Control".

En el manual de Operaciones de Comair en el Capítulo de "Fases Críticas de Vuelo/Cabina Estéril" se incluye el siguiente texto:

Las fases Críticas del vuelo son: las operaciones de tierra como son rodaje, despegue y aterrizaje y las operaciones de vuelo que se realizan a una altitud por debajo de 10.000 pies, excepto el vuelo en crucero. Se define rodaje como el movimiento de un avión mediante su propia potencia por la superficie de un aeropuerto.

Ningún miembro de la tripulación de vuelo realizará ninguna tarea durante las fases críticas de vuelo excepto aquellas que sean requeridas para la operación segura del avión.

Ningún miembro de la tripulación de vuelo puede realizar cualquier actividad durante una fase crítica del vuelo que pueda distraer a cualquier tripulante de vuelo de realizar sus tareas.....así como mantener conversaciones no esenciales en la cabina de vuelo.

Por lo tanto las conversaciones que mantuvieron los pilotos durante el rodaje iban en contra de los procedimientos de la Compañía Aérea en cuanto al mantenimiento de la regla de Cabina Estéril.

El avión se encontró detenido durante casi un minuto en la "hold short line" de la pista 26, tiempo suficiente para que los pilotos se hubieran asegurado que iban a entrar en la pista adecuada la 22 para el despegue. ¿Por qué no lo hicieron? El informe del accidente dice que el NTSB no ha podido determinar la razón, pero que el hecho de que los pilotos estuvieran manteniendo durante el rodaje una conversación no relacionada con la operación del avión había sido decisiva en la pérdida de la

Conciencia situacional en cuanto a la determinación de la posición del avión en el aeropuerto. Es de destacar que en el informe se describen ambos pilotos por sus compañeros como disciplinados a la hora de seguir la regla de Cabina Estéril.

El informe del accidente señala que tanto el momento en el que se entabló la conversación no operacional como su duración demuestran que los pilotos no tenían una elevada carga de trabajo, ni consideraban complicado el rodaje hasta la pista 22.

Según un informe del a ASRS, después de más de 20 años de investigación utilizando los datos de la base de datos de ASRS se puede deducir que las conversaciones sobre temas sociales que mantienen las tripulaciones de vuelo como una actividad que puede distraer a los pilotos de realizar las tareas precisas para realizar un vuelo seguro. Indica también el informe que después de los estudios realizados sobre factores humanos que cualquier interrupción por parte de los pilotos de continuamente conocer la posición del avión puede resultar en una desviación de la ruta requerida o estar completamente perdidos. Además mantener una atención activa es imprescindible para el mantenimiento de la Conciencia Situacional y el hecho de desviar la atención por cualquier estímulo irrelevante puede producir la degradación en la Conciencia Situacional.

Fue el Primer Oficial el que inició la conversación mientras el Comandante rodaba el avión por las calles de rodadura. El Comandante es el responsable de mostrar su Liderazgo y su Autoridad para parar la conversación no operacional. Sin embargo el Comandante permitió que se continuara con la conversación y además participó en la misma. El Primer Oficial debería no sólo no haber iniciado y mantenido la conversación sino el haber vigilado que el rodaje se estaba realizan por la ruta adecuada. El informe señala que definitivamente esta conversación que iba en contra de los procedimientos de la compañía y en contra de la política establecida por la FAA en cuanto al mantenimiento de la Cabina Estéril "probablemente" contribuyó a la pérdida de la Conciencia Situacional. Es importante remarcar que de acuerdo con las grabaciones recogidas en el CVR en ningún momento se puede pensar que los pilotos no supieran dónde se encontraban.

El informe señala también que los data del "LOSA Collaborative" muestran que los miembros de la tripulación de vuelo que se desvían intencionalmente de los procedimientos de vuelo son tres veces más propensos de cometer errores, gestionar inadecuadamente los errores cometidos y encontrarse en más situaciones no deseadas comparados con aquellos pilotos que no se desvían intencionalmente de los procedimientos. Es por lo tanto que el informe dice que el hecho que los pilotos no siguieran los procedimientos establecidos en cuando al mantenimiento de la Cabina Estéril, creó una atmósfera en cabina de vuelo más propensa para que se pudieran producir errores.

23. Gestión de la Carga de Trabajo

El 28 de Septiembre de 2007, un McDonnell Douglas DC-9-82 (MD-82) de American Airlines con matrícula N454AA, experimentó un fuego en el motor izquierdo durante el despegue del aeropuerto Lambert-St. Louis International Airport (STL) (Missouri). Durante el regreso en emergencia al aeropuerto, el tren de aterrizaje de morro no se extendió, la tripulación ejecutó un Go-Around, los pilotos realizaron el procedimiento de extensión del tren de aterrizaje en emergencia. La tripulación realizó un aterrizaje de emergencia. No hubo que lamentar heridos entre los 5 miembros de la tripulación y los 138 pasajeros. El avión recibió importantes daños debido al fuego en el motor.

Esta es la probable causa del accidente:

"The National Transportation Safety Board determines that the probable cause of this accident was American Airlines' maintenance personnel's use of an inappropriate manual engine-start procedure, which led to the uncommanded opening of the left engine air turbine starter valve, and a subsequent left engine fire, which was prolonged by the flight crew's interruption of an emergency checklist to perform nonessential tasks. Contributing to the accident were deficiencies in American Airlines' Continuing Analysis and Surveillance System (CASS) program."

En este artículo nos vamos a centrar en el análisis de la actuación de la tripulación a la hora de acometer la emergencia de fuego en un motor.

El Comandante era el piloto que volaba el avión (PF).

El relato de lo que sucedió es el siguiente: durante el arranque de motores, el derecho no arrancó. La tripulación comunicó el problema al personal de mantenimiento de la aerolínea. Un mecánico se puso en contacto con los pilotos para informarles que el personal de mantenimiento estaba listo para realizar un arranque manual del motor.

La tripulación ejecutó la lista de chequeo de "Antes del Arranque" y el "Briefing de Despegue". A los cinco minutos el personal de mantenimiento dio instrucciones al Comandante para que mantuviera el "Engine-Start Switch" en la posición de START, mientras el personal de mantenimiento abría manualmente la "Air Turbine Starter Valve" del motor izquierdo para proceder al arranque manual del motor. El Comandante informó al Personal de Mantenimiento que él no vio ninguna indicación de que la "Air Turbine Starter Valve" se hubiera abierto. Por fin el motor izquierdo arrancó al segundo intento.

El informe del accidente indica que cuando el avión comenzó el carreteo hacia la pista de despegue la tripulación estaba hablando de temas no relacionados con la operación del avión, lo que va en contra de los procedimientos de la Compañía Aérea que establecen que cuando el avión se encuentra por debajo de 10.000 pies se debe aplicar la regla de "Cabina Estéril". En el informe del accidente la NTSB ha incluido un "Statement" del Sr. Sumwalt sobre las conversaciones no operacionales que se realizan en la cabina de pilotaje durante las fases críticas del vuelo y las desviaciones que se producen de los SOP.

En el informe del accidente se recoge las declaraciones de los pilotos que indican que durante el taxi hacia la cabecera de pista todas las indicaciones en cabina eran normales y que no apareció ningún aviso en cabina.

La tripulación declaró que el despegue se desarrolló con toda normalidad, hasta que el avión alcanzó los 1.500 pies, momento en el que apareció el aviso de "Left Engine ATSV Open", y a los pocos segundos el aviso de Fuego en el Motor Izquierdo, a continuación el Primer Oficial preguntó al Comandante sobre el reparto de tareas, el Comandante le contestó que realizara la lista de chequeo, mientras él volaba el avión, sin embargo no dijo quién se iba a encargar de las comunicaciones, a pesar de que él, como Comandante, tenía la responsabilidad de realizar el reparto de tareas.

El Primer Oficial contactó con el ATC del aeropuerto declarando una emergencia, el control les preguntó la naturaleza de la misma y si requerían Equipo de Emergencia en tierra a lo que la tripulación contestó que tenían fuego en el motor izquierdo y que sí requerían Equipo de Emergencia.

Durante una emergencia se debe realizar un reparto de tareas para gestionar lo mejor y más eficientemente posible la emergencia que en ese momento se ha producido. El manual de operaciones de la compañía aérea establece que en caso de emergencia el Comandante designará un piloto que vuele el avión, pero no especifica quién se encarga de las comunicaciones. Esta ambigüedad podría haber contribuido al reparto inadecuado de las tareas durante la emergencia, que llevó a que el Primer Oficial tuviera que "llevar" las comunicaciones por radio, mientras realizaba también el Procedimiento de Fuego en el Motor.

Pasado casi un minuto desde que sonó el aviso de Fuego de Motor, el Primer Oficial comenzó a realizar el procedimiento de Fuego en el Motor. Una vez que se realizaron los dos primeros pasos del procedimiento, desconexión del Autothrottle y selección de la palanca de potencia del motor afectado

(Izquierdo) en Idle, el Primer Oficial interrumpió, durante unos 38 segundos, la ejecución del procedimiento, para contestar a diferentes preguntas que les hizo el ATC.

Después el Comandante, sin preguntar al Primer Oficial en qué estado estaba la ejecución del procedimiento, dijo que quería informar a los Tripulantes de Cabina de Pasajeros de la situación. El Comandante transfirió entonces el control del avión al Primer Oficial. A continuación el Comandante dio el "Briefing" a los Tripulantes de Cabina sobre la situación y les informó que iban a regresar al aeropuerto. Terminado el "Briefing" el Comandante volvió a recuperar el control del avión. Esta tarea, según el procedimiento, debería haberse realizado después de completadas todas las acciones críticas del procedimiento de fuego en un motor, que incluyen entre otras acciones, el cierre de la válvula que alimenta de combustible al motor. Es decir durante este tiempo se siguió alimentando de combustible el fuego en el motor.

El informe indica que las interrupciones constantes del ATC propiciaron que el Comandante se centrara en la realización de tares consideradas como no críticas e impidieron que ambos pilotos se percataran que no habían realizado las acciones críticas y pasos de memoria del procedimiento de Fuego en el Motor. El informe indica que investigadores expertos en Factores Humanos han concluido que las interrupciones pueden distraer a los pilotos e impedir la finalización de ciertas tareas ya que es más difícil para los pilotos ser conscientes de los pasos que quedan por realizar para terminar un procedimiento en ejecución. El informe indica que las circunstancias no eran de tal naturaleza que aconsejaran interrumpir la ejecución de la realización del procedimiento de Fuego en el Motor para realizar un "Briefing" a los tripulantes de cabina de pasajeros, ya que en la fase en la que se produjo el aviso de fuego era al poco de realizado el despegue, cuando todos los pasajeros y los tripulantes estaban sentados y con el cinturón puesto y toda la cabina de pasajeros limpia de carros. Es decir el tiempo requerido para la preparación de una posible evacuación de emergencia era mínimo.

A los pocos segundos el Primer Oficial informó al Comandante que continuaba el aviso de Fuego en el motor y retomó la ejecución del procedimiento. Durante la investigación del accidente el Comandante comentó que en este momento comenzaron los problemas con el sistema eléctrico causados por el fuego, que llevaron entre otros a la pérdida de los paneles de presentación de la pantallas Primarias y de Navegación del Comandante, que apareciera el aviso de Reversa no blocada y que la Puerta de la cabina de pilotos se abriera.

Al no terminar de realizar el procedimiento de Fuego en el Motor, la situación se fue deteriorando y con ello se incrementó la carga de trabajo de los pilotos, de esta forma tuvieron que hacer frente, no sólo al fuego en el motor sino a una multitud de avisos que fueron apareciendo, todos ellos como consecuencia de no haber realizado completamente el procedimiento de fuego en el motor.

Durante las entrevistas que mantuvieron los pilotos con los investigadores del accidente, éstos describieron la situación como estresante y con una carga de trabajo tan elevada que no eran capaces de poder gestionarla. El informe nuevamente destaca que los pilotos no terminaron de ejecutar completamente los procedimientos porque se centraron casi exclusivamente en volar el avión y comunicarse con el ATC.

Después de pasados unos tres minutos y medio de la aparición del aviso de fuego, el Primer Oficial descargó la primera botella extintora, a continuación y siguiendo el procedimiento descargó la segunda botella. Después el CVR grabó la conversación entre los pilotos discutiendo sobre la preparación de los flaps y del tren de aterrizaje para el aterrizaje. Transcurrido un minuto el Primer Oficial comentó "Hemos perdido toda la potencia". Al perder la potencia eléctrica, la puerta de la cabina de pilotos se abrió, éste fue otro motivo de distracción para los pilotos.

El Comandante dio instrucciones al Primer Oficial para bajar el tren de aterrizaje y que se armaran los spoilers, a continuación el ATC autorizó al avión a aterrizar en la pista 30R.

Un minuto después, el Comandante dijo que no se podía arrancar el APU, también dijo que las luces del tren de aterrizaje no se habían iluminado. Poco después preguntó al Controlador si le podía confirmar que el tren de aterrizaje estaba extendido, a lo que el controlador respondió que el tren de aterrizaje de morro no lo estaba. El Primer Oficial comunicó al ATC que iban a realizar un "Go Around". El Controlador les informó que veía humo en el motor afectado por lo que se podía considerar que el fuego en el motor era real.

En el informe del accidente la NTSB declara que la toma de decisión de la tripulación de realizar un "Go Around" fue correcta.

Durante la ejecución de la maniobra de "Go Around" se continuó experimentando problemas eléctricos y con el tren de morro.

Al viajar a bordo un piloto de la Compañía, el Comandante pidió que éste se presentara en la cabina de pilotos para ayudar.

El Comandante decidió cambiar de pista para realizar el aterrizaje y aterrizar en la 30L que era más larga que la 30R. La torre les autorizó el cambio.

El Piloto de la Compañía que entró en cabina para ayudar preguntó al Comandante si iban a realizar una evacuación de emergencia, a lo que contestó el Comandante que sólo si era necesario.

En el informe del accidente la NTSB declara que la toma de decisión del Comandante de pedir soporte al piloto de la Compañía que viajaba como pasajero fue correcta ya que ayudó a reducir la carga de trabajo de los pilotos.

El Primer Oficial realizó la lista de Chequeo de Extensión del Tren de Aterrizaje en Emergencia, mientras volaban el "Go Around".

El Piloto que no estaba de servicio comentó al Primer Oficial que habían perdido todo la presión de hidráulico del lado derecho, a lo que el Primer Oficial respondió que "¿Cómo podía haber pasado eso?", finalmente el Primer Oficial anunció que había terminado la Lista.

El Comandante dijo que a pesar de que las luces del tren no se habían iluminado, él había oído como se extendía el tren de morro. El CVR grabó el incremento de ruido producido al volar con el tren de morro extendido.

El Comandante anunció que habían perdido el Motor Izquierdo, que no disponían de presión del sistema hidráulico derecho y que no tenían ningún hidráulico en el lado izquierdo. Al poco tiempo el Controlador les comunicó que el tren de morro estaba extendido. Si los pilotos hubieran completado el procedimiento de fuego en el motor, hubieran ejecutado el paso de configurar el sistema hidráulico, con lo que hubieran podido bajar normalmente el tren de aterrizaje.

El Piloto que no estaba de servicio informó a los pasajeros sobre la situación en la que se encontraban y posteriormente contactó con los tripulantes de cabina para informarles que una vez que hubieran aterrizado no iban a realizar una evacuación de emergencia pero que no obstante se mantuvieran preparados.

Finalmente el Comandante aterrizó el avión, una vez detenido el avión en la pista los bomberos aplicaron agente extintor en el motor afectado.

Inicialmente el avión iba a ser remolcado hasta la terminal pero finalmente se decidió desembarcar a los pasajeros en la propia pista.

La NTSB indica en el informe que la tripulación no realizó correctamente el reparto de tareas y lo que es más importante la tripulación, retrasando la ejecución del procedimiento de emergencia de fuego en el motor, expusieron a los pasajeros, a los tripulantes de cabina y al avión a un riesgo innecesario. La compañía aérea dijo que sus pilotos se entrenan en el simulador para completar el procedimiento de fuego de motor sin interrupción hasta al menos el paso siguiente al de descarga del agente extintor antes de poderse desviar de la lista de chequeo. Señala así mismo el informe que los pilotos deben conocer las consecuencias que puede haber cuando se separan o interrumpen la ejecución de un procedimiento, especialmente si éste está relacionado con un fuego a bordo.

24. Comunicación

El 7 de marzo del 2007, un B-737-400 de Garuda Indonesia con matrícula PK-GZC, se estrelló en el aeropuerto de Jakarta cuando aterrizaba, 20 pasajeros y un tripulante de cabina fallecieron, hubo 119 supervivientes.

El avión se salió de la pista 09 a una velocidad de 110 nudos, cruzó una carretera chocó, contra una acequia y se detuvo a 252 metros del final de la pista, el avión se destruyó completamente por el impacto y por el fuego que se inició posteriormente.

El Comandante volaba el avión.

Durante la aproximación el Primer Oficial indicó al Comandante en dos ocasiones diferentes que iniciara un Go Around, el GPWS emitió hasta 15 avisos y alertas durante la aproximación.

El Indonesian National Transportation Safety Committee (NTSC) estableció en el informe final del accidente que las causas del mismo fueron:

- la ineficiente comunicación y coordinación entre los pilotos,
- el fallo de la tripulación por no interrumpir la aproximación cuando no se estaban cumpliendo los criterios de aproximación estabilizada,
- el fallo del Comandante por no seguir las instrucciones del Primer Oficial y de los avisos del GPWS que le indicaban que realizara un Go Around,

- el fallo del Primer Oficial por no hacerse con el control del avión al ver que el Comandante seguía la aproximación y por último
- la falta de entrenamiento por parte de la Compañía Aérea a sus tripulaciones en cuanto a los avisos del GPWS.

Durante todo el vuelo el Comandante y el Primer Oficial se estuvieron comunicando con total normalidad, durante la aproximación y por debajo de 10.000 pies y antes de alcanzar 4.000 pies, el Comandante estaba cantando y hablando con el Primer Oficial sobre temas no relacionados con la operación, lo que va en contra de los procedimientos de la Compañía Aérea sobre el mantenimiento de la "Cabina Estéril" por debajo de 10.000 pies.

Cuando el avión se encontraba a 6.560 pies, Control preguntó si estaban en condiciones de vuelo visual, a lo que el Primer Oficial contestó que afirmativo.

El avión cruzó por el Initial Approach Fix a 283 nudos y a 3.927 pies, es decir 1.427 pies por encima del mínimo publicado (2.500 pies). Cruzó posteriormente el Final Approach Fix en configuración limpia a 254 nudos y 3.470 pies, 970 pies por encima de la altitud publicada.

El Comandante expresó por dos veces su preocupación por la desviación del avión con relación a la senda de descenso nominal. Dijo posteriormente a los investigadores del accidente que no realizó un Go Around porque estaba "Ofuscado en aterrizar el avión".

Cuando el avión se encontraba a 4 millas de la pista y a unos 2.800 pies sobre el terreno (1.262 pies por encima de la senda) el

Comandante inició un descenso muy pronunciado. El informe establece que el Comandante realizó un descenso extremadamente pronunciado para alcanzar la pista, al realizar esto la velocidad se incrementó excesivamente. La tripulación no empleó los frenos aerodinámicos, aumentando la velocidad hasta alcanzar 293 nudos, posteriormente ésta se redujo a 243 nudos.

Control informó que el viento en ese momento era de viento en calma. El Primer Oficial a indicación del Comandante extendió el tren de aterrizaje, la velocidad era de 252 nudos (la velocidad máxima de extensión del tren es de 270 nudos), la altitud era de 2.596 pies. En este momento el Comandante pidió al Primer Oficial que comprobara la velocidad y bajara los flaps a 15 grados.

El Primer Oficial no bajó los flaps porque el avión volaba a una velocidad superior a la máxima de extensión de flaps (para 15 grados es de 205 nudos). El Comandante repitió hasta tres veces la instrucción al Primer Oficial. El Primer Oficial no cumplió con la instrucción dada por el Comandante pero tampoco le dijo al Comandante que no bajaba los flaps porque la velocidad estaba por encima del límite. El informe del accidente indica que en este momento el tono de la conversación entre ambos cambió radicalmente. Aquí se puede comprobar la falta de comunicación entre ambos pilotos. Si la razón por la que el Primer Oficial no extendía los flaps era porque estaban por encima de la velocidad máxima de extensión de flaps para esa selección, se lo debería haber comunicado al Comandante, cosa que no hizo.

El régimen de descenso era de 3.520 pies por minuto, el GPWS empezó a generar los avisos de "SINK RATE" y "TOO LOW TERRAIN".

El avión descendía a una velocidad de 245 nudos y se encontraba a 953 pies sobre el terreno, cuando el Primer Oficial seleccionó los flas a la posición de 5 grados, la velocidad máxima de extensión de flaps en esta posición de 5 grados es de 250 nudos. El Primer Oficial comunicó al Comandante que había extendido los flaps a la posición de 5 grados pero no le dijo que sólo podía extender los flaps a esa posición por el exceso de velocidad en la que se encontraba el avión, es decir estaban a unos 35 nudos por encima de la velocidad máxima de extensión de flaps de la posición de 15 grados.

Una vez más el Primer Oficial no comunicó correctamente al Comandante el por qué extendía los flaps sólo a 5 grados y no a 15 grados como le había pedido el Comandante.

Una vez más el Comandante pidió que el Primer Oficial que bajara los flaps a la posición de 15 grados.

Cuando el avión se encontraba a 153 pies AGL el GPWS el primero de dos avisos "WHOOP; WHOOP, WHOOP, PULL UP". El Primer Oficial en ese momento indicó al Comandante que hiciera un Go Around. El Comandante en vez de seguir los avisos del GPWS y del Primer Oficial preguntó si se había completado la lista de Chequeo de aterrizaje. Es decir el Comandante estaba empeñado en aterrizar el avión a pesar de ir en contra de los procedimientos de vuelo de la Compañía Aérea.

El Manual de Operaciones de la Compañía Aérea establece que el Piloto que no vuela debe tomar el control del avión si ante una aproximación no estabilizada el Piloto al Mando no realiza un Go Around. Este era el caso, el informe del accidente indica que el Primer Oficial no había recibido entrenamiento sobre las acciones que debería realizar en una situación como ésta.

El avión se encontraba cerca ya de la cabecera de pista y descendía con un régimen de 1.400 pies por minuto cuando por fin alcanzó la senda de descenso. Con los flaps extendidos a 5 grados, cruzó la cabecera de pista a una velocidad de 232 nudos, 98 nudos por encima de la velocidad de Referencia V REF que era de 134 nudos. Esta velocidad de referencia era la apropiada para una posición de flaps de 40 grados.

La velocidad del avión cuando hizo contacto con la pista era de 221 nudos, el contacto se realizó a 860 metros (2.822 pies) del umbral de pista. La longitud de la pista 09 es de 2.200 metros (7.218 pies).

Nada más hacer contacto con la pista el Primer Oficial en tono elevado volvió a pedir que se realizara un Go Around, pero el Comandante hizo caso omiso y continuo con el aterrizaje.

Una vez que el avión hizo contacto con la pista, rebotó dos veces, después del segundo rebote el tren de aterrizaje delantero tocó pista antes que el tren principal y el neumático izquierdo del tren delantero reventó. A continuación se aplicó reversa durante unos siete segundos. El Comandante dijo a los investigadores del accidente que apagó ambos motores cuando se dio cuenta que se iban a salir de pista.

El avión se salió de pista a una velocidad de unos 110 nudos y se paró a 252 metros (827 pies) del final de pista.

Había 140 personas a bordo. Un tripulante de cabina y 20 pasajeros fallecieron. Otro tripulante de cabina y 11 pasajeros resultaron gravemente heridos. El avión quedó completamente destrozado por el impacto y el fuego que se produjo posteriormente.

25. Gestión del error

El 22 de Marzo de 2007 a las 15:54, la tripulación del vuelo de Emiratos 419, un Boeing 777-300ER con matrícula A6-EBC, estaba realizando los últimos preparativos para un vuelo regular entre Auckland y Sydney. En el avión se encontraban 357 pasajeros, 16 tripulantes de cabina de pasajeros y 2 pilotos. Durante la preparación del vuelo, los pilotos entendieron erróneamente, que la pista de despegue estaba totalmente disponible sin percatarse que la pista disponible se había reducido porque se estaban realizando trabajos de mantenimiento.

Por lo tanto prepararon el despegue considerando que toda la pista estaba disponible. Durante el despegue, los pilotos vieron vehículos al final de la pista y se dieron cuenta que algo fallaba, inmediatamente aplicaron plena potencia y se fueron al aire dentro de la pista disponible y sobrevolaron los vehículos de la obra por unos 28 metros.

¿Cómo puede una tripulación competente cometer este error?, ¿Cómo gestionó la tripulación el error cometido? Eso es lo que vamos a estudiar.

El Primer Oficial era el piloto que iba a volar este tramo, su lengua materna era el inglés, contactó con el ATC y recibió autorización para la ruta de salida. Los pilotos dijeron que escucharon el ATIS y utilizaron esta información para realizar la planificación del despegue.

Cerca del principio del ATIS aparecía la frase ".active runway mode normal operations…" y avisaba que la pista activa era la 05R. A mitad del ATIS aparecía las palabras "…reduced runway length Eastern end refer NOTAM B/1203". El Primer Oficial no confirmó que habían recibido el ATIS Romeo, ni el Controlador les preguntó si lo habían recibido.

El Primer Oficial contactó con el controlador para pedir autorización para push-back y arranque de motores. El Controlador dio las instrucciones necesarias a los Pilotos pero no les preguntó si eran conscientes de que la longitud de la pista estaba reducida ya que no es un requerimiento.

Dos horas antes, los pilotos habían volado el tramo desde Sydney a Auckland. El ATIS informaba que para el aterrizaje en Auckland, la pista 05R estaba siendo utilizada para los aterrizajes y casi a mitad del mensaje del ATIS estaban las siguientes palabras "reduced runway length Eastern end refer NOTAM B/1203".

Los pilotos disponían del NOTAM B/1203 y en Sydney, durante la preparación del vuelo, lo planificaron teniendo en cuenta que el aterrizaje en Auckland se iba a realizar con la longitud de pista reducida. Mientras volaban hacia Auckland, temporalmente la toda la longitud de pista volvió a estar disponible para permitir el despegue de de un vuelo de largo recorrido con destino a Singapur. El controlador permitió que el vuelo de Emiratos aterrizara con toda la pista disponible mientras que el vuelo a Singapur esperaba, el controlador informó a los pilotos del vuelo de Emiratos que tenían toda la pista disponible. Los pilotos del B-777 aterrizaron utilizando el sistema automático de frenos configurado para la longitud total de la pista.

El Primer Oficial contactó con control para recibir instrucciones para el rodaje. El controlador autorizó a rodar a la pista 05R y mantener posición en la "calle de rodaje A10".

Finalmente el vuelo Emiratos 419 fue autorizado para despegar, el Primer Oficial era el piloto que volaba este tramo, la tripulación ajustó la potencia de motor que habían previamente determinado y que era la necesaria para realizar un despegue con potencia reducida tomando como longitud de la pista de despegue toda la pista.

El avión comenzó el despegue acelerando normalmente, los pilotos declararon que cuando estaban aproximadamente a mitad de la longitud de la pista cuando vieron vehículos al final de la misma, el Comandante inmediatamente aplicó toda la potencia de los motores (TOGA). Este es el momento en el que el Comandante tuvo que realizar una rápida toma de decisión, o meter toda la potencia de los motores e irse al aire o bien frenar e intentar detener el avión en la pista disponible.

De acuerdo con los datos grabados en el FDR del avión, la potencia de TOGA se aplicó cuando el avión había rodado 1327 metros de pista (que es el 41% de la longitud total de la pista y el 61% de la longitud de la pista reducida), la velocidad en ese momento era de 149 nudos, a los 4 segundos alcanzaron la V1 que era de 161 nudos. El Primer Oficial dijo que inmediatamente alcanzado la V1 el Comandante dijo "Rotar" cuando se alcanzó la velocidad de rotación VR que era de 163 nudos. El avión se fue al aire aproximadamente 190 metros antes del final de la longitud de pista reducida.

Los pilotos declararon a los investigadores que dado que la longitud total de la pista estaba disponible durante el aterrizaje, ellos pensaron que también lo estaría para el despegue. Dijeron así mismo que las palabras que se incluían en el ATIS de "Operaciones normales" le reforzaron la idea que tenían que ya estaba la pista totalmente operativa y no siguieron leyendo todo el mensaje ATIS y por lo tanto pensaron que el NOTAM B/1203 ya no estaba activo.

Lo que en definitiva debemos estudiar la razón por la que dos experimentados pilotos cometieron este error al procesar la información y pusieron en peligro las vidas de las personas que viajaban en el avión y la de los trabajadores que estaban en la pista.

Los pilotos disponían de la información requerida cartas, ATIS y NOTAM. Habían estudiado el NOTAM B/1203 para el vuelo al anterior al que ocurrió el incidente desde Sydney a Auckland, conocían su contenido y sabían que la longitud disponible de la pista en Auckland podría estar reducida. Por lo tanto planificaron el vuelo teniendo en cuenta que el aterrizaje en Auckland se realizaría en la pista 05R con una longitud disponible de pista reducida. Durante el vuelo hacia Auckland se produjo una actualización del ATIS, donde se decía que el NOTAM seguía activo, pero las palabras "Operaciones Normales" en el encabezado del ATIS provocó que los pilotos pensaran que no había restricciones en cuanto al empleo de toda la longitud de la pista 05R.

Antes de que aterrizaran el controlador había permitido temporalmente el uso de la pista en toda su longitud para permitir el despegue de un vuelo de largo recorrido. Teniendo en cuenta que en ese momento el avión de Emirates se encontraba próximo a su aterrizaje, se le permitió aterrizar antes del despegue de este avión de largo recorrido y utilizando toda la longitud de pista.

Por lo tanto los pilotos realizaron el aterrizaje en la pista 05R con toda la longitud de pista disponible.

Por lo tanto debido a las palabras de "Operaciones normales" que aparecía en el ATIS y el cambio que se produjo antes de aterrizar donde se volvía a la longitud total de la pista, los pilotos pensaron que la restricción se había levantado y que la longitud total de la pista estaba disponible para el siguiente vuelo que iban a realizar dos horas más tarde.

La preparación del siguiente tramo fue rutinaria excepto que la longitud de la pista fue nuevamente reducida. El ATIS se actualizó nuevamente, pero todavía seguía informando que el NOTAM B/1203 seguía activo. Los pilotos pensaron que el ATIS se había actualizado para definitivamente eliminar la restricción en la longitud de la pista, ya que al aterrizar el controlador les comunicó que la longitud de pista disponible era la total.

Por lo tanto las palabras que aparecían en el ATIS "active runway mode normal operations…" reforzó la creencia de los pilotos que la pista volvía a su longitud normal.

El error que cometieron los pilotos fue el de no seguir los procedimientos que les obliga a oír y leer completamente el ATIS, al no hacerlo quitaron una barrera que podía haber impedido que se produjera el error.

Según el informe del incidente desde un punto de vista de factores humanos el error cometido es comprensible. En el informe del incidente se incluyen recomendaciones en cuanto a la redacción de los ATIS para redactarlos con más claridad y concisos.

Desde el punto de vista de toma de decisión y de la gestión del error, los pilotos fueron capaces en cuestión de segundos de detectar el error cometido, gestionar ese error al evaluar las acciones a realizar de forma inmediata y tomar la correcta decisión.

www.ingramcontent.com/pod-product-compliance
Lightning Source LLC
LaVergne TN
LVHW010340200726
843507LV00010B/1584